U0431340

图说保护野生动物

主　编　高海斌

副主编　顾伟林　赵国伟

　　　　陈兰芳　隋雪君

清華大学出版社

北　京

内容简介

本书作者选取生命奥秘博物馆内20种具有代表性的生物塑化动物标本，借助先进的生物塑化标本保存技术，通过漫长的学习探索，掌握了这些动物的第一手解剖学资料，并发现了许多有趣的特殊结构。本书以直观的标本图片、浅显易懂的语言、图文并茂的形式，带领读者走进我们身边非常熟悉却又极其陌生的动物世界。同时，为读者介绍有关野生动物保护的相关知识，鼓励大家了解野生动物，欣赏它们，关心它们，使我们更有决心和能力保护它们。让我们和这些动物共同拥有地球这个家园。

本书献给关注、关心和爱护野生动物的人们。

图书在版编目（CIP）数据

图说保护野生动物 / 高海斌主编 . — 北京：清华大学出版社，2021.2（2022.8 重印）

ISBN 978-7-302-57245-9

Ⅰ. ①图…　Ⅱ. ①高…　Ⅲ. ①野生动物—动物保护—普及读物　Ⅳ. ① S863-49

中国版本图书馆 CIP 数据核字（2020）第 260562 号

责任编辑：周婷婷
封面设计：梁　晨
责任校对：王淑云
责任印制：丛怀宇

出版发行：清华大学出版社
网　　址：http：//www.tup.com.cn，http：//www.wqbook.com
地　　址：北京清华大学学研大厦 A 座　**邮　　编：**100084
社 总 机：010-83470000　**邮　　购：**010-62786544
投稿与读者服务：010-62776969，c-service@tup.tsinghua.edu.cn
质量反馈：010-62772015，zhiliang@tup.tsinghua.edu.cn
印 装 者：小森印刷（北京）有限公司
经　　销：全国新华书店
开　　本：185mm × 260mm　**印　张：**5.75　**字　数：**129 千字
版　　次：2021 年 3 月第 1 版　**印　次：**2022 年 8 月第 2 次印刷
定　　价：78.00 元

产品编号：091428-02

2021 年苏州市科普专项资金资助项目

作者简介

高海斌，1980 年 4 月出生于辽宁省大连市。副研究员，硕士研究生导师。现任江苏周庄生命奥秘博物馆馆长，从事生命科学科普传播工作。作者团队采用生物塑化技术，打造了专门展示生物内部结构的生命奥秘博物馆，通过“书—馆—网”立体化科普模式，使生物标本走出学术的象牙塔，面向大众，从而开创了一条全新的科普教育途径。作者参与编写了《达尔文的证据》《深海鱼影》《人体的奥秘》和《巨鲸传奇》等关于生命奥秘的图书。2018 年荣获国家科学技术进步二等奖（科普类）。2019 年被评为江苏省“双创人才”“苏州十佳魅力科技人物”。2020 年被评为江苏省“十大科学传播人物”、江苏省企业“创新达人”。2021 年被评为“苏州科普大使”。

《图说保护野生动物》编委会

前　言

《图说保护野生动物》带读者走进生命奥秘博物馆，通过馆内现有的生物塑化标本向大众介绍生命科学知识，科普有关野生动物保护的相关常识，进而让更多的人自觉加入保护野生动物的行列。

国家对珍贵、濒危的，或者有重要生态、科学、社会价值的陆生、水生野生动物实行重点保护。当前施行的《中华人民共和国野生动物保护法》为 2018 年 10 月 26 日第十三届全国人民代表大会常务委员会第六次会议修订通过的。新修订的保护法正式实施后，相关部门就启动了《国家重点保护野生动物名录》调整工作，并于 2021 年 1 月 4 日经国务院批准，调整后的名录自公布之日起施行。国家重点保护的野生动物分为一级保护野生动物和二级保护野生动物。

国际上关注度较高的保护动物名录有《世界自然保护联盟濒危物种红色名录》（*IUCN Red List of Threatened Species*，简称《IUCN 红色名录》）及《濒危野生动植物种国际贸易公约》（*the Convention on International Trade in Endangered Species of Wild Fauna and Flora*，CITES）（又称《华盛顿公约》）。《IUCN 红色名录》于 1963 年开始编制，主要对全球濒危物种保护的具体情况进行科学评估，并不断更新。目前，该名录是总结全球动植物种保护现状最全面的名录，也被认为是生物多样性状况最具权威性的参考指标。截至 2021 年初，该名录评估物种已超过 12 万种，其中超过 3.5 万的物种濒临灭绝。该名录根据物种总数、数目下降速度、地理分布等，将物种保护级别分为 9 类：最高级别是灭绝（Extinct，EX），其次是野外灭绝（Extinct in the Wild，EW），接下来是极危（Critically Endangered，CR）、濒危（Endangered，EN）和易危（Vulnerable，VU），这 3 个级别统称“受威胁”，其他顺次是近危（Near Threatened，NT）、低危（Least Concern，LC）、数据缺乏（Data Deficient，DD）、未评估（Not Evaluated，NE）。其中，极危、濒危、易危、近危物种往往更多地受到关注。《华盛顿公约》的主旨是管制野生物种的国际贸易。该公约中管制国际贸易的物种可归类成三项附录：附录Ⅰ的物种为若再进行国际贸易会导致灭绝的动植物，明确规定禁止其国际性的交易；附录Ⅱ的物种为无灭绝危机，但管制其国际贸易的物种，若对其继续进行国际贸易，族群量继续降低，则将其保护级别升级，并纳入附录Ⅰ；附录Ⅲ的物种是各国视其国内情况，进行区域性管制国际贸易的物种。经国务院批准，我国于1980年12月25日加入了这个公约。因此，我国在保护和管理该公约附录Ⅰ和附录Ⅱ中所包括的野生动植物种方面负有重要的责任。为此，我国还规定，该公约附录Ⅰ、附录Ⅱ中所列的原产地在我国的物种，按《国家重点保护野生动物名录》所规定的保护级别执行，非原产于我国的，根据其在附录中隶属的情况，分别按照国家一级或二级保护野生动物进行管理。本书中的《华盛顿公约》保护信息依据的是2019年11月官方修订版。

本书选取了生命奥秘博物馆内有代表性的水生野生动物和陆生野生动物共20种，并介绍这些野生动物的起源、生活习性和野生动物保护法律法规等知识。本书介绍的水生野生动物：鲸鲨、蝠鲼、翻车鱼、石斑鱼、巨骨舌鱼、海龟、鳄鱼（虽属于水生野生动物，但生活在陆地上，本书将其纳入第二章）、须鲸、江豚、海豹；陆生野生动物：蛇、企鹅（虽属于陆生野生动物，但生活在海洋里，本书将其纳入第一章）、鸵鸟、骆驼、棕熊、牦牛、狮子、穿山甲、长颈鹿、小熊猫。

目　录

第一章　海洋精灵

第二章　陆地家族

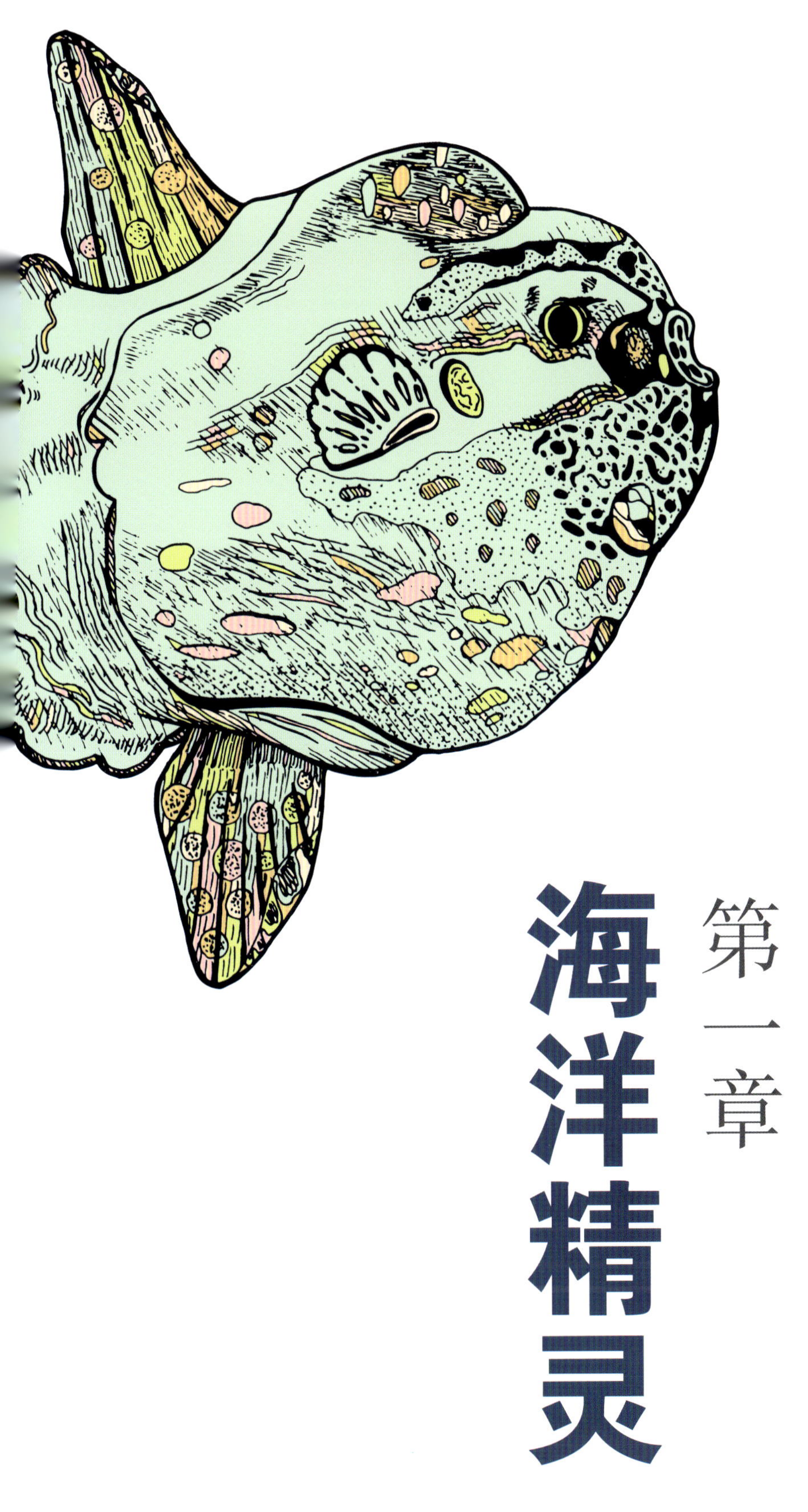

第一章 海洋精灵

第一讲

鲸鲨

JINGSHA

鲸鲨（*Rhincodon typus*）是目前海洋中体形最大的鱼类，它性格温顺，它的牙齿是鲨鱼家族中最小的。鲸鲨有一张扁平的、巨大的嘴，里面长着许多细小的牙齿，总共大约有 3000 颗。但是，鲸鲨不用牙齿咀嚼食物，它们将食物直接吸进嘴里，就像一台吸尘器一样！

鲸鲨皮肤上的白色斑点是什么？

鲸鲨体表散布白色斑点与纵横交错的淡色带，犹如棋盘。它们相当于人的指纹，通过它们的排列顺序可以辨别出鲸鲨的身份，就像人类的身份证一样。

鲸鲨塑化标本

图中我们所看到的鲸鲨标本长 6 米，重达 2 吨，是世界上第一条被塑化保存的鲸鲨标本。

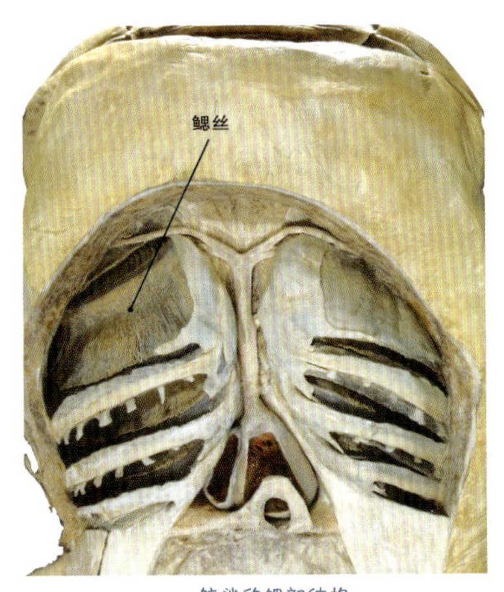

鲸鲨的鳃部结构

鲸鲨的鳃部

鳃是鱼类特有的呼吸器官，主要用于呼吸，鳃丝布满许多细微的血管。当水通过鳃丝时，鳃丝上的毛细血管吸收水中溶解的氧，同时把二氧化碳排到水中，完成鱼类特有的气体交换过程。鲸鲨和大多数软骨鱼类一样，一般具有 5 对鳃裂（4 对全鳃，1 对半鳃），极少数鲨鱼拥有 6 ~ 7 对。鳃不仅可以帮助鲸鲨进行呼吸，还可以帮助鲸鲨捕食。鲸鲨虽然体形巨大，拥有“血盆大口”，但它却有着细小的牙齿，捕食主要依靠鳃过滤海洋中的浮游生物。

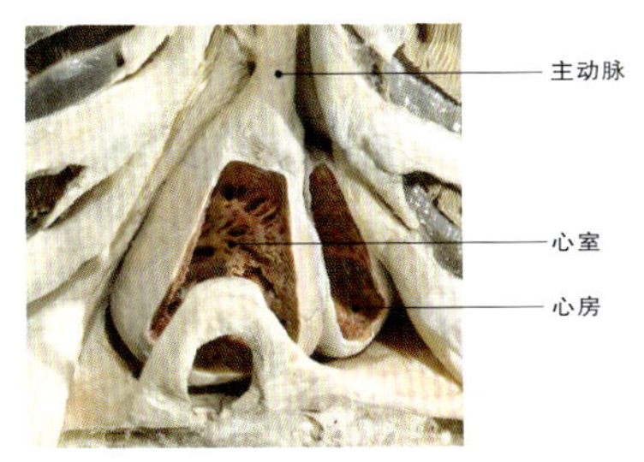

鲸鲨的心脏结构

鲸鲨的心脏

鲸鲨的心脏由一个心房、一个心室组成。心脏内所流经的都是缺氧血，缺氧血通过心脏流入鳃，并通过鳃丝获得氧气，使缺氧血变成富氧血，再通过血管供给各个功能器官，最终流回心脏，完成一次气体交换。血液在体内循环一周，仅经过心脏一次。

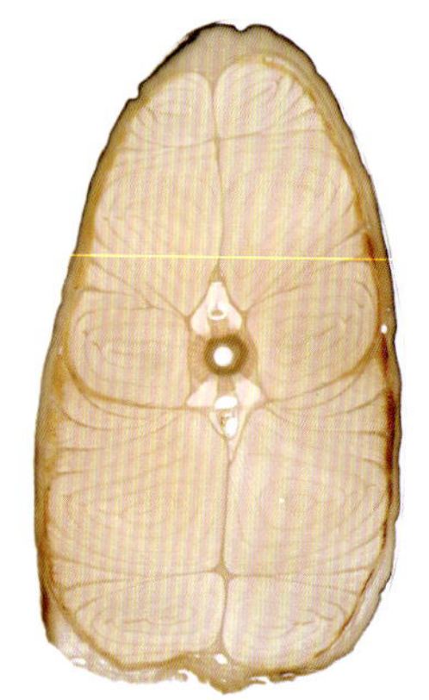

鲸鲨切片展示同心圆肌肉束

鲸鲨的肌肉

鱼类拥有比较原始的肌肉形式，肌肉呈倒置的“W”形，一节一节有序地紧密排列。当身体一侧的肌肉收缩时，另一侧肌肉舒张，一收一张交替运动，便形成了鱼类游泳的原动力。由于肌肉收缩的力是沿着躯体的一侧从前向后随着肌节的不断积累而增加的，所以越到尾部摆力就越大。

鲸鲨的肌肉

鲸鲨的脑部

鲸鲨的脑非常小，小脑相对较大。鲸鲨平衡感很好，因此，它可以在水中自由自在地游动。

鲨鱼的脑神经

鲸鲨的肠管长什么样?

图中形状像薯片的部分是鲸鲨的肠管，我们可以发现里面是一层一层的，排列成螺旋状，被称为“螺旋瓣”。为什么鲸鲨会有这样的结构呢?

鲸鲨是软骨鱼类，肠管非常短，螺旋瓣结构可以延长食物在肠道内停留的时间，使营养物质消化和吸收得更充分。分布在螺旋瓣两侧的巨大脏器，就是鲸鲨的肝脏。

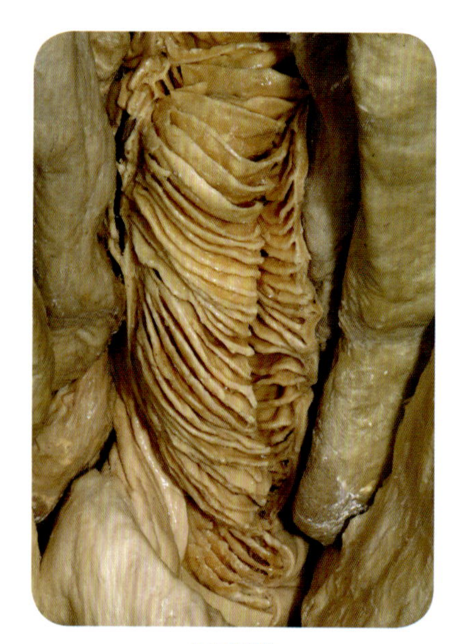

鲸鲨的肠管

鲸鲨的肝脏

鲸鲨的保护

作为滤食者和海洋中最大的鱼类，鲸鲨在海洋生态系统中发挥着重要的作用，它们可以维持海洋生态系统的稳定。鲸鲨由于其生长缓慢、性成熟较晚、繁殖率低等特性，当栖息地环境发生巨大变化时，它们无法迅速做出反应，也没有能力迅速恢复到原来的种群数量。鲸鲨几乎没有天敌，其数量减少的主要原因是人类的捕捞。

由于人类过度捕捞、环境污染及栖息地破坏等原因，鲸鲨种群数量急剧下降，许多国家和地区已经宣布或出台一些相关规定，禁止捕获鲸鲨或者进行鲸鲨贸易。例如，1998 年，菲律宾禁止了所有关于鲸鲨的贸易活动；2001 年，印度禁止关于鲸鲨的渔业活动；2008 年，中国台湾全面禁止鲸鲨贸易。根据《IUCN 红色名录》统计，在过去近百年中，全世界鲸鲨的数量减少超过 50%。2016 年，世界自然保护联盟（International Union for Conservation of Nature，IUCN）将鲸鲨在《IUCN 红色名录》中的濒危等级由易危升级为濒危。此外，鲸鲨也已被收录于《华盛顿公约》附录Ⅱ中。在我国，鲸鲨属于国家二级保护野生动物。

趣味小贴士

你知道鲨鱼是怎么睡觉的吗？

鲨鱼在睡觉时会找一个面向海流的位置，轻轻摆动尾鳍，让海水自动流过鳃裂，在得到氧气的同时也可以睡眠。不过，有一些鲨鱼，如铰口鲨（*Ginglymostoma cirratum*）、灰三齿鲨（*Triaenodon obesus*）等，会一动不动地躺在海底，但时间不会太长，每隔一段时间，它们便会进行一次必要的移动来完成呼吸，因此，鲨鱼的睡眠时间往往很短。

“鲨鱼皮泳衣”，你知道吗？

鲨鱼其实也是有鳞片的，被称为“盾鳞”。这是软骨鱼类所特有的鳞片，由于和牙齿属于同源器官，故也称为“皮齿”。盾鳞顺着身体的方向连续排列，并吸附一层水膜，可以减少水流阻力。“鲨鱼皮泳衣”就是为了减少阻力，专门模仿鲨鱼皮肤设计制作的高科技泳衣，2009 年，国际游泳联合会宣布 2010 年起全球禁用“鲨鱼皮泳衣”。

电子显微镜下的盾鳞

鲨鱼皮肤上的盾鳞与鲨鱼牙齿属于同源器官，它们的结构和形状几乎完全一致，因此，可以形容为鲨鱼浑身长满了牙齿。

鲨鱼的牙齿

趣味问答

1. 下列动物属于卵胎生的是？

   A. 鲸鲨　　B. 鳁鲸

2. 目前已知现存体形最大的鱼类是哪种？

   A. 鲸鲨　　B. 蓝鲸

3. 海洋鱼类通常属于恒温动物还是变温动物？

   A. 恒温动物　B. 变温动物

4. 鳃的呼吸原理是什么？

　　鱼类代谢所需的氧不是直接从空气中获得，而是通过让水不断地流过鳃，再通过鳃内特殊装置将水中的氧吸收到血液中，并排出二氧化碳完成呼吸。

5. 鲨鱼什么感觉器官最发达？有什么作用？

　　鲨鱼的嗅觉器官最发达，嗅球较大，可以嗅到几千米之外的食物。

6. 什么是螺旋瓣？

　　软骨鱼类的肠壁黏膜层及黏膜下层有突出于管腔的褶膜，一般排列成螺旋状，称为“螺旋瓣”。

7. 鱼类游动力量的来源及原理是什么？

　　鱼类主要依靠肌肉的收缩所产生的动力游动。鱼类的肌肉由肌节构成，呈倒置的“W”形。当鱼类游动时，身体一侧肌肉率先收缩，另一侧肌肉则同时舒张，两侧肌肉一收一张交替运动，使整个身体呈波浪式摆动，驱使身体向前游动。

8. 鱼鳍在鱼类游动时的作用是什么？

　　鱼鳍在鱼类游动时能够起到稳定身体和提供动力的作用。

鲸鲨是鲸吗？

鲸鲨和蓝鲸有什么区别？

欲知答案，请扫描下方二维码

第二讲

蝠鲼

FUFEN

蝠鲼（*Mobula*）是一种生活在热带和亚热带海域底层的典型软骨鱼类，被称为“魔鬼鱼”。事实上，蝠鲼是一种非常温和的动物。它经常在珊瑚礁附近巡游觅食，缓慢地扇动着“大翼”在海中悠闲游动，因其在海中优雅飘逸的游姿与夜空中飞行的蝙蝠相似，故得名：蝠鲼。

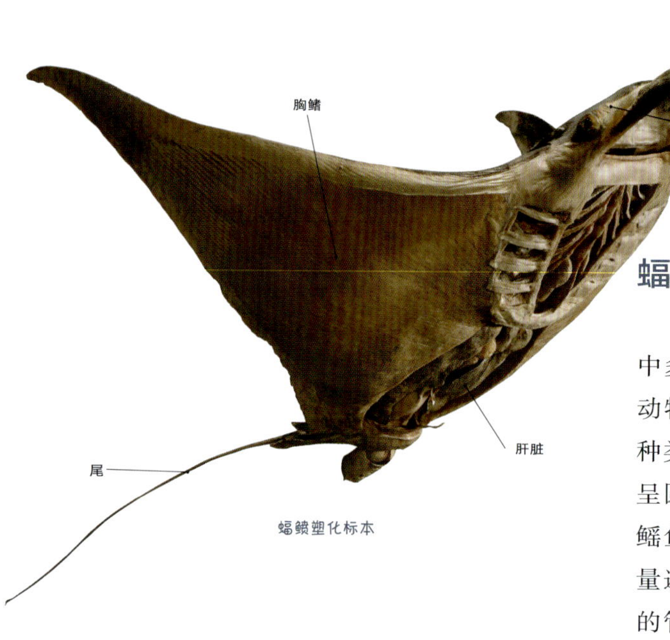

蝠鲼塑化标本

蝠鲼的鳃

鳐鱼是多种扁体软骨鱼类的统称，其中多数均为鲼形目鱼类。而蝠鲼是鲼形目动物，是鳐鱼的一种，也是鳐鱼中最大的种类。鳐鱼分布于全世界大部分水域，体呈圆形或菱形，胸鳍宽大，嗅觉非常发达。鳐鱼卧在海底时利用特殊的闭口呼吸法尽量避免吸入泥沙。当呼吸时，水通过头顶的管路吸入，最后穿过腹面的鳃裂流出。蝠鲼鳃耙角质化，形似一系列羽状筛板，主要发挥着滤水留食的作用。

蝠鲼的头鳍

蝠鲼的鳍

蝠鲼身体扁平，有强大的胸鳍，形似翅膀，胸鳍前端有两个薄而窄且似耳朵的凸起，被称为“头鳍”。

蝠鲼的肠管

所有软骨鱼类的肠壁都有突出管腔的褶膜，一般排列成螺旋状，因此被称为“螺旋瓣”。蝠鲼与鲸鲨同属软骨鱼类，肠管也是螺旋瓣结构，同样也是为了使营养物质的消化和吸收更加充分。不同种类的软骨鱼类的螺旋瓣形状有所差异。

脱肛的蝠鲼

脱肛通常指直肠从肛门脱出。蝠鲼长期生活在海底深处，而海底深处的压强远大于大气压强。当蝠鲼被打捞上岸后，环境压强变小，蝠鲼体内压力大于外部压力，内脏就容易爆裂，也容易出现脱肛现象。

蝠鲼的肠管螺旋瓣

蝠鲼的毒刺

每一种生物为了生存都会有保护自己的武器，蝠鲼的武器暗藏在它细长的尾部。在蝠鲼的尾部有一根锋利的毒刺，人若被它刺中会异常疼痛，而且，若不及时接受治疗，会导致死亡。

蝠鲼的保护

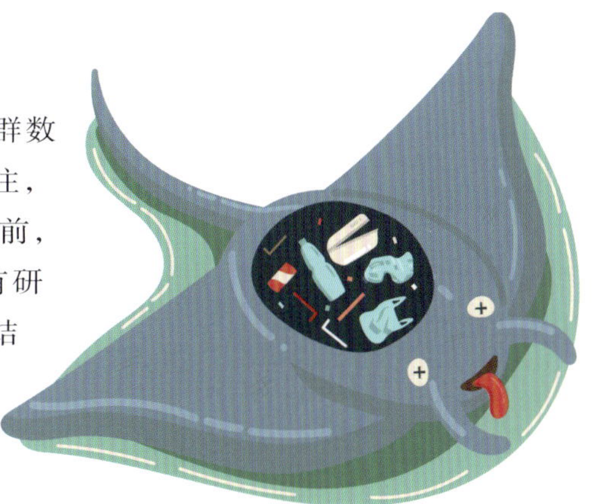

自20世纪后期以来，全球范围内蝠鲼科动物种群数量急剧下降。即便国际组织及各国政府给予了积极关注，但过度开发、资源耗竭、非法贸易等情况仍然存在。目前，蝠鲼科所有种类均被列入《华盛顿公约》附录Ⅱ。有研究建议，针对蝠鲼科动物的保护现状及濒危状况，应结合其生物特性就渔业、环境、贸易三方面采取措施。

趣味小贴士

蝠鲼为什么喜欢在暗礁上游动?

通常，在暗礁处有许多小鱼喜欢吃蝠鲼身上的死皮，这样能帮助蝠鲼进行身体的清洁，蝠鲼再次游动时就能减小阻力，整个身体也会更加健康。这也是自然界互利共生的体现。

趣味问答

1. 软骨鱼类如何控制身体平衡？
   A. 通过鱼鳔来控制身体平衡
   B. 通过鱼鳍来控制身体平衡
2. 蝠鲼的头鳍呈现什么样的形态?
   A. 向前突起，可以自由转动
   B. 向两侧突起，可以自由转动
3. 蝠鲼的毒刺在什么部位?
   A. 胸部　　B. 尾部
4. 蝠鲼螺旋瓣状的肠管有怎样的作用?
   A. 促进营养物质的消化与吸收
   B. 帮助蝠鲼上浮

获取更多有关蝠鲼的知识

请扫描下方二维码

第三讲

翻车鱼

FANCHEYU

翻车鱼（*Mola mola*）又称“翻车鲀”“曼波鱼”“头鱼”，属硬骨鱼纲。翻车鲀不是一种鱼，而是一个科，包括3属共5种鱼。翻车鲀分布于各热带、亚热带海洋，也见于温带或寒带海洋，中国沿海有分布。

翻车鱼为什么没有像其他鱼类一样的尾巴?

翻车鱼身体的后部对游动几乎毫无用处，因此难以称其为“尾巴”。它起的作用更像一个舵。在漫长的进化过程中，翻车鱼舍弃了尾柄，这才导致它们的尾巴成了今天的样子。

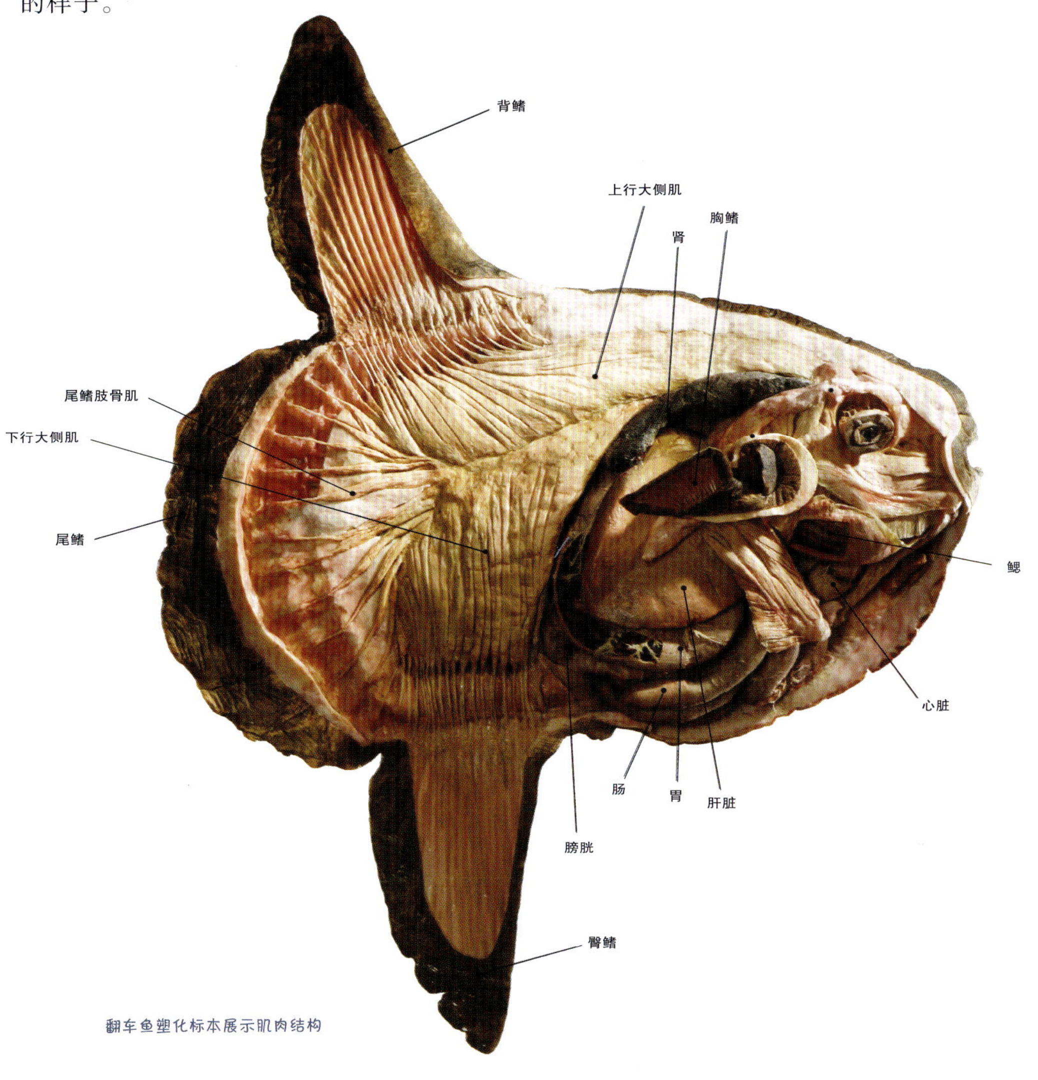

翻车鱼塑化标本展示肌肉结构

翻车鱼为什么喜欢晒太阳?

翻车鱼因人们经常看到它身体侧翻浮于水面，就像翻了车一样而得名。有学者推测，翻车鱼之所以喜欢平躺在海面上可能有三个原因：第一，晒太阳能够增加肠管蠕动，促进食物消化吸收；第二，利用太阳的光照，杀死寄生虫，就好像人类晒棉被杀菌一样；第三，平躺在海面上，能够吸引海鸟飞来，啄食翻车鱼身上的寄生虫。另外，翻车鱼会使劲摆动尾巴，努力跃出水面，然后侧过身体，让自己平躺着，重重地落到水面上，这也有助于清除其身上的寄生虫。

恒温的翻车鱼

虽然大多数鱼类都属于变温动物，但翻车鱼是一种极少见的恒温鱼类。科学家发现，翻车鱼能够像哺乳动物和鸟类一样，保持身体恒温。翻车鱼能够通过持续拍打其结构独特的胸鳍，以此在身体内部产生热量，循环“加热”的血液能够使翻车鱼的肌肉温度达到4～5℃，这一温度已高于周围海水的温度，能够帮助翻车鱼在寒冷的海水中保持活力。此外，翻车鱼还具有特殊的结构，可以阻止其身体热量在海水中大量散失。生物学家尼古拉斯·韦格纳（Nicholas Wegner）称：由于翻车鱼具有体温调节能力，它们不需要像大多数的冷血鱼类一样返回水面以温暖身体，因而翻车鱼能够持续栖息在食物源水域，方便觅食。

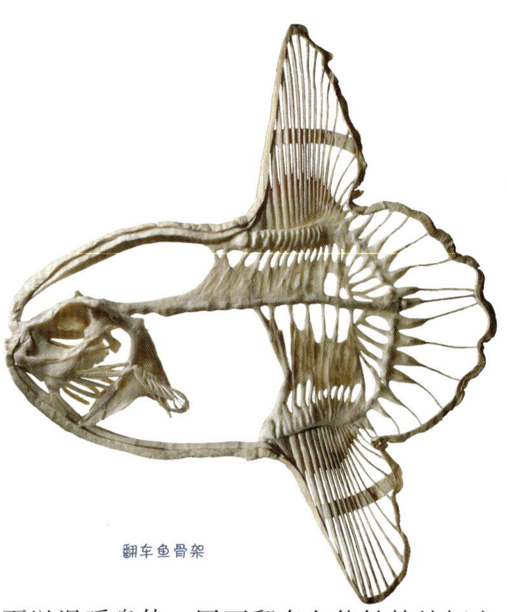

翻车鱼骨架

为什么翻车鱼正面临生存威胁？

翻车鱼的行动十分缓慢，无法在海底畅游，遇到危险时也不能很快地反应过来，导致翻车鱼容易被猎食。此外，人类的捕杀也是翻车鱼面临生存威胁的重要因素之一。翻车鱼的皮很厚，其腹部皮肤层厚近10厘米，且富含大量网状胶原蛋白，表面被一层细齿和黏液覆盖，非常粗糙，其皮下是厚厚的胶质层，成年个体中胶质层的含量约占全身总重量的一半，肉质非常差。即便如此，有些人仍把它端上餐桌。近年来，很多渔民不恰当地大量捕捞，导致翻车鱼的数量越来越少。翻车鱼在《IUCN红色名录》中的濒危等级为易危。

趣味小贴士

浪漫的月光鱼

翻车鱼还有一个既好听又浪漫的名字，叫作“月光鱼”，这是因为翻车鱼身体上常附着一些会发光的生物，再加上翻车鱼体形圆润，远远看去，就像海洋上的月亮一样。

它的生殖你不懂

翻车鱼行动笨拙，是海洋中最容易被猎食的对象之一。这个早就可能灭绝的物种，却延续了千万年，这还得依靠其进化出的强大繁殖能力。翻车鱼雌鱼一次可产下大约 3 亿枚卵，堪称鱼类中的产卵冠军；但在其所繁殖的 3 亿枚卵中，仅有不到百万分之一的卵可以存活。

趣味问答

1. 翻车鱼属于下列哪种鱼？

   A. 硬骨鱼　　B. 软骨鱼

2. 翻车鱼为什么没有像其他鱼类一样的尾巴？

   A. 进化过程中退化掉了

   B. 被敌人咬掉了

3. 翻车鱼为什么总是晒太阳？

   A. 休闲娱乐

   B. 促进消化，清除身上的寄生虫

4. 下列哪种鱼属于恒温鱼类？

   A. 翻车鱼　　B. 鲤鱼

5. 翻车鱼为什么正面临生存威胁？

   翻车鱼的行动十分缓慢，遇到危险时不能很快地反应过来，导致其容易被猎食。此外，人类的捕杀也是翻车鱼面临生存威胁的重要因素之一。

获取更多有关翻车鱼的知识

请扫描下方二维码

第四讲

石斑鱼

SHIBANYU

石斑鱼(*Epinephelus*)有海中鲤鱼之称，为热带中、下层鱼类，喜栖息于岩礁海区，为南海名贵鱼类。石斑鱼性凶猛，以肉食为主，是少见的有个体自相残杀现象的鱼类。石斑鱼是变温动物，最适宜其生存的水温为 25 ~ 30℃，随着水温降低，石斑鱼代谢率下降，食欲减退，甚至开始失去平衡，进入半休眠状态。

石斑鱼的口腔

石斑鱼属于硬骨鱼类，硬骨鱼类出现了真正意义上的牙齿，这点比软骨鱼类更加完善。硬骨鱼类的牙齿着生部位因其所处的水域环境和食性差异而有所不同。硬骨鱼类通常在下颌、犁骨与颚骨等处长有牙齿。下颌齿一般用于撕咬或抓住猎物，而犁骨与颚骨的口腔齿常用于压碎或研磨食物。有些鱼类，如鲤科，在第 5 对鳃弓上生有咽喉齿，而一般植食性鱼类咽喉齿呈梳状，肉食性鱼类咽喉齿呈臼状。

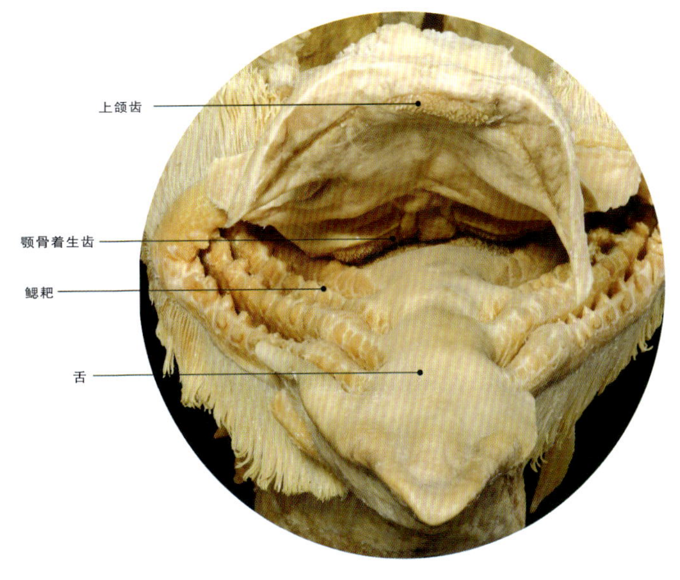

石斑鱼的口腔

石斑鱼的性别转换

鱼类有雌雄异体和雌雄同体之分。雌雄异体种类在其整个生命过程中仅作为雌性或雄性参与繁殖。而雌雄同体种类是指个体在其生命的不同阶段，分别具有雌性或雄性的生理功能（也有同时具有雌性和雄性生理功能的鱼类）。石斑鱼属于雌雄同体鱼类，其首次性成熟时期一般是雌性，在雌性性腺中主要为卵原细胞，但也有零星的精原细胞存在。几年后，部分石斑鱼开始发生性逆转，性腺的卵原细胞会逐渐减少，精原细胞逐渐增多。性逆转完成后整个性腺基本都是精原细胞。

石斑鱼塑化标本

石斑鱼的肋骨

石斑鱼和其他雌雄同体鱼类一个显著不同的地方是它只有一个性腺，精巢和卵巢之间没有隔离。即使在雌性石斑鱼体内，也会有少量的精原细胞存在。但在石斑鱼转为雄性之后，其卵原细胞基本上都被吸收。所以，正常情况下，石斑鱼转化为雄性后是没办法转回雌性的。此外，石斑鱼的性逆转并不是达到固定年龄后一定会发生的事件，是否发生性逆转受社会群体行为的调控，一个群体中雄性个体减少后，就会有部分雌性个体发生性逆转。

石斑鱼的保护

石斑鱼的生存现状堪忧，因水体污染、水利工程建设等导致石斑鱼的栖息地遭到破坏，以及过度捕捞等人类活动的影响，其数量逐渐减少，分布范围日趋缩小，个体体形也开始呈现小型化，多种石斑鱼类已面临绝种危机，其中赤点石斑鱼（*Epinephelus akaara*）、青石斑鱼（*Epinephelus awoara*）被列入《国家重点保护经济水生动植物资源名录》。

事实上，有些石斑鱼主要摄食固着藻类，其下颌前缘角质化较为锋利，适于刮食，具有清洁水质、清除污染的生态功效，因而被誉为急流水体的“清道夫”或“环保鱼”。当前石斑鱼的大量减少对于维持生态平衡具有一定的消极影响。

趣味小贴士

石斑鱼的捕食策略因“鱼”而异：一些以鱼类为主要食物的石斑鱼，通常会在礁石或浅滩附近巡游，以求主动搜寻猎物；另一些种类的石斑鱼则躲避在珊瑚及岩礁中，伏击过往的鱼类及甲壳类。有些石斑鱼的头大、口大，它们可以在极短的时间内吸入大量的水，形成负压，并顺势将猎物吸入口中，其口中众多向内的小尖齿可防止猎物从口中逃脱。还有一些石斑鱼类被记录有和其他鱼类合作捕食的行为，它们通过鱼体摆动及“点头”等动作，指引合作者参与捕食。

趣味问答

1. 下列属于雌雄同体鱼类的是哪种鱼？

   A. 蝠鲼　　B. 石斑鱼

2. 石斑鱼和其他雌雄同体鱼类显著不同的地方是什么？

   A. 性腺　　B. 生活习性

3. 通常情况下，石斑鱼转化为雄性后还能转回雌性吗？

   A. 可以　　B. 不可以

4. 最适宜石斑鱼生存的水温是多少摄氏度？

   A. 25 ~ 30℃

   B. 10 ~ 20℃

5. 硬骨鱼类的牙齿是什么样子的？

   硬骨鱼类通常在下颌、犁骨与颚骨等处长有牙齿。下颌齿一般用于撕咬或抓住猎物，而犁骨与颚骨的口腔齿常用于压碎或研磨食物。

6. 什么是雌雄同体鱼类？

   雌雄同体鱼类是指个体在其生命的不同阶段，分别具有雌性或雄性的生理功能（也有同时具有雌性和雄性生理功能的鱼类）。

第五讲

巨骨舌鱼

JUGUSHEYU

巨骨舌鱼（*Arapaimidae*）也称“海象鱼”，属于残存的古生淡水鱼类，舌中长有硬骨牙齿。据推测，巨骨舌鱼最早出现于1亿年前。巨骨舌鱼主要生长在亚马孙河流域的河滩，成鱼体长可达2～6米，是目前世界上最大的淡水鱼之一。

巨骨舌鱼的特征

巨骨舌鱼头部骨骼由游离的板状骨组成。巨骨舌鱼口大，无须，无下颌骨，舌上有坚固、发达的牙齿。巨骨舌鱼体形巨大，行动缓慢，以鱼、虾、蛙类为食。生殖季节挖穴产卵，雄鱼保护幼鱼，使其发育到 2 ~ 3 个月，直到幼鱼能独立生活后才离开，在鱼界中，堪称“父母表率”。

巨骨舌鱼塑化标本展示内部结构

巨骨舌鱼的鳞甲

巨骨舌鱼的鳞甲

巨骨舌鱼不仅体形比较大，身体也非常坚韧。它的身体表面覆盖着一层具有金属光泽的鳞片。有这样一层“龙鳞甲”穿在身上，即使是食人鱼也咬不动它。

巨骨舌鱼

巨骨舌鱼的冲击力

野生的巨骨舌鱼具有很大的蛮力，尾巴就是它的秘密武器。巨骨舌鱼的尾巴能轻松击倒一名成年男子，并且还能将其骨骼击碎，造成内伤。

巨骨舌鱼的保护

自 18 世纪初以来，巨骨舌鱼就成为人类密集捕捞的对象。在一个世纪以前，每年仅在巴西的贝伦港一个港口，巨骨舌鱼渔获量就超过 1200 吨。据估计，现今野生的巨骨舌鱼种群个体数量为 50 000 ~ 100 000，其野外渔获量已大幅度下降。目前，巨巴西骨舌鱼（*Arapaima gigas*）在《IUCN 红色名录》中的濒危等级为数据缺乏，巨巴西骨舌鱼被收录于《华盛顿公约》附录Ⅱ中。

趣味小贴士

不一样的“金钟罩”“铁布衫”

曾有科学家取到巨骨舌鱼撞击船后残留的鳞片，在显微镜下观察，发现巨骨舌鱼鳞片最外面有一层“硬矿化”的外衣，里面则是一层较软、具有弹性的胶原纤维。这种纤维能降低食人鱼牙齿带来的咀嚼压力，使食人鱼的咬合力无法集中在一处。“硬矿化”外壳表面有细微皱褶，使巨骨舌鱼鳞片更具有延展性，不容易崩裂，是名副其实的“金钟罩”“铁布衫”。

巨骨舌鱼塑化标本

巨骨舌鱼是变色鱼吗?

随着年龄的增长，巨骨舌鱼会由尾部向背部逐渐变色。先是出现红点，最后整个后半身都能变成紫红色。

趣味问答

1. 巨骨舌鱼主要生长在什么地方？
   A. 亚马孙河流域的河滩　　B. 夏威夷海滩
2. 巨骨舌鱼通常又被叫作什么鱼？
   A. 魔鬼鱼　　B. 海象鱼
3. 巨骨舌鱼的头部骨骼有什么特征？
   A. 由完整的板状骨组成　　B. 由游离的板状骨组成
4. 巨骨舌鱼的雄鱼保护幼鱼，使其发育到什么时候？
   A. 2～3个月　　B. 5～6个月
5. 巨骨舌鱼名字的由来是什么？

   由于巨骨舌鱼体形通常较大，且舌中长有硬骨牙齿，因此被称为“巨骨舌鱼”。

第六讲

海龟

HAIGUI

海龟（*Chelonia mydas*）体长可达 1 米多，它们生活在大西洋、太平洋和印度洋中，主要以海藻为食。海龟的寿命可达 150 岁。目前，世界上现存的海龟有 7 种：棱皮龟（*Dermochelys coriacea*）、蠵（xī）龟（*Caretta caretta*）、玳瑁（*Eretmochelys imbricata*）、肯氏丽龟（*Lepidochelys kempii*）、绿海龟（*Chelonia mydas*）、丽龟（*Lepidochelys olivacea*）、平背龟（*Natator depressa*）。

海龟和陆龟有什么区别?

海龟和陆龟最大的区别就在于海龟不能将四肢和头缩回到壳内，而陆龟是可以的。另外，海龟在海洋中需要排盐，因而其具有排盐功能的盐腺比较大。

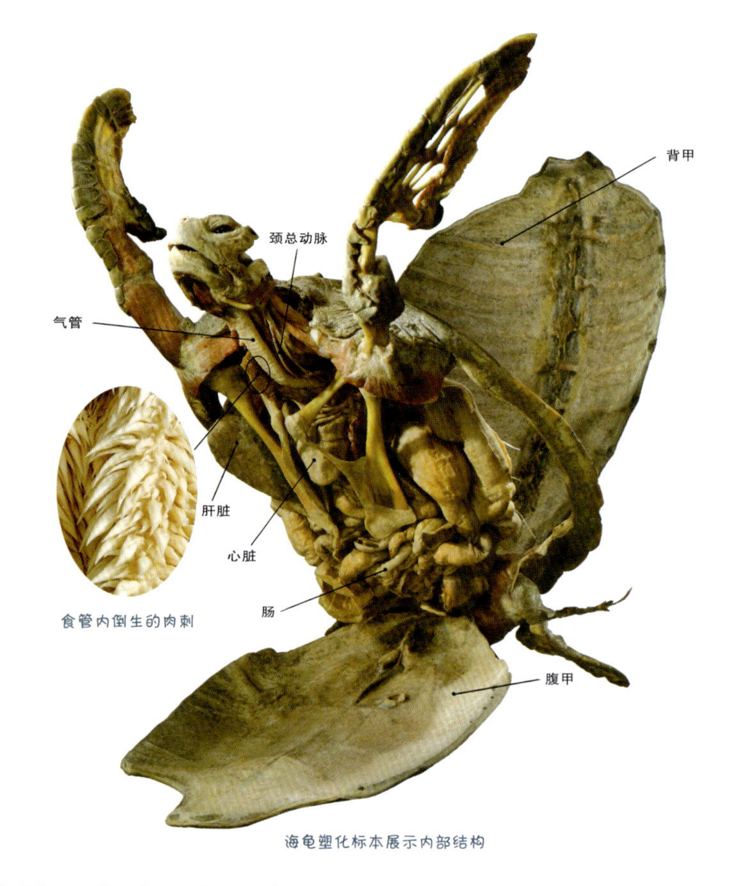

海龟塑化标本展示内部结构

海龟食管内的倒刺

海龟的食管里为什么有很多刺?

海龟食管中倒生的肉刺（倒刺）的主要作用是防止食物进入食管时逆流回口腔。但是，这样的食管结构也给海龟带来了危险。海龟喜欢以水母为食，海洋中的白色垃圾袋很像水母，容易被海龟误食。被误食的垃圾袋一旦卡在食管的这些倒刺上，吐不出来，就会影响进食，导致海龟饥饿而死。所以，我们不要随意丢弃垃圾，要保护好我们的海洋环境，保护好海洋中的朋友。

海龟为什么会“流泪”?

在海龟的眼窝后面，有一种排盐的腺体，叫作“盐腺”。海龟整天吃着含盐分比较高的动物和植物，喝着又苦又咸的海水，身体积存了大量的盐分，要排除这些盐分，就要靠海龟眼窝后面的盐腺完成，所以海龟“流泪”其实是在排盐。

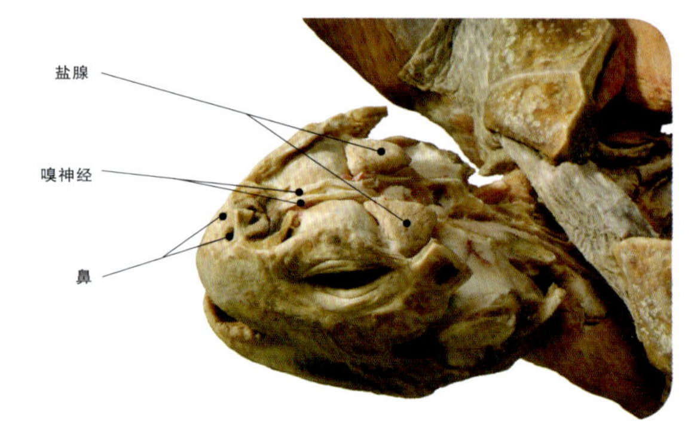

海龟的头部塑化标本

海龟的背甲

海龟的心脏

海龟寿命为什么那么长？

海龟长寿的主要原因：第一，海龟有“盔甲”保护；第二，海龟的心率比较慢，人类的心率一般为 60 ~ 100 次 / 分，而海龟的心率一般为 7 ~ 20 次 / 分；第三，海龟的新陈代谢比较缓慢。

海龟的保护

人类的活动、噪声及垃圾可挡住海龟的去路；海滩的人造灯光让海龟以为是白天，影响了它们的夜间孵卵，而且使刚刚孵化出来想要回到海里的小海龟失去方向；海龟壳被用来制成梳子、眼镜框、首饰和其他的装饰品，而且售价不菲；海龟肉则被用来做汤，海龟卵也被认为是野味：这些都给海龟的生存带来了极大的威胁。另外，温室效应使大气温度升高，海平面上升，海龟产卵的沙地被上升的海水覆盖，海龟的生存范围逐渐缩小……这些情况都是海龟数量不断减少的重要原因。长此以往，海龟数量的减少会极大地威胁海洋的生态平衡。

2020 年 6 月，国家林业和草原局、农业农村部公布了《国家重点保护野生动物名录（征求意见稿）》，已将所有海龟升级为国家一级保护野生动物。近年来，受全球气候变暖，海洋污染，非法盗猎、捕捞和放生以及海龟制品非法贸易等多种因素影响，全球海龟的种群数量和生境质量持续下降，海龟受到前所未有的生存危机。《IUCN 红色名录》把世界现存 7 种海龟中的 6 种定为存在灭绝风险。《华盛顿公约》将全部 7 种海龟列入附录 I，禁止海龟及其制品的国际贸易。

趣味小贴士

海龟的天然导航能力

科学家一直相信雌性海龟靠磁场辨路，美国北卡罗来纳大学的研究员也用近 20 年的时间追踪海龟行踪，发现地球的磁场变化影响海龟巢数量，进而佐证了上述说法。科学研究表明，在海龟的头部，拥有一些具有磁性的粒子。这些磁性粒子可以帮助海龟感应地球磁场，海龟以此来判断自己在海洋中的确切位置。

趣味问答

1. 龟的背甲是由什么融合而成的？

   A. 皮肤外的硬壳　　B. 肋骨

2. 海龟的腹甲是如何形成的？

   A. 由胸骨演化而成　　B. 由腹肋演化而成

3. 有缩头本领的是哪种龟？

   A. 海龟　　B. 陆龟

4. 海龟食管内倒刺的功能是什么？

   A. 帮助消化　　B. 防止食物倒流

第七讲

企鹅

QI'E

企鹅（*Spheniscidae*）是企鹅目、企鹅科所有物种的通称。企鹅虽有“海洋之舟”的美称，但它们属于鸟类，目前被归为陆生野生动物。全世界已知的企鹅近 20 种，大多数分布在南半球，它们的特征是不能飞翔。在企鹅家族中，体形最大的是帝企鹅（*Aptenodytes forsteri*），体高平均约 1.1 米，体重 35 千克以上；体形最小的是小蓝企鹅（*Eudyptula minor*），体高约 40 厘米，体重约 1 千克。

企鹅是如何求偶的？

雄性企鹅如果对雌性企鹅“一见钟情”，也就是说有好感，雄性企鹅会衔一块小石头放在雌性企鹅的面前，雌性企鹅如果对雄性企鹅感兴趣，它就会站在那块石头上面，这就代表求偶成功。

白眉企鹅
（*Pygoscelis papua*）

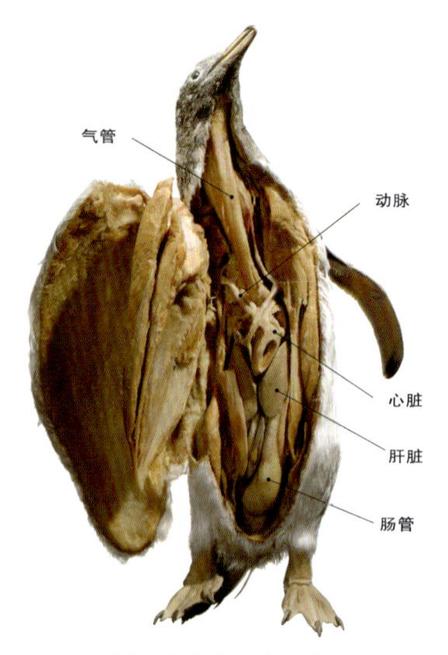

企鹅塑化标本展示内部结构

为什么企鹅的脂肪要那么厚？

企鹅厚厚的脂肪一方面可以保暖御寒，另一方面能增加体重。在潜水的过程中，如果体重太轻，潜到一半就会浮起来，这样就吃不到它们想吃的食物了。所以，企鹅厚厚的脂肪和它们的生存环境有很大的关系。

会游泳的鸟类——企鹅

企鹅和鸵鸟一样，是不会飞的鸟类。企鹅擅长游泳和潜水，且游泳速度十分惊人。成年企鹅的游泳时速为 20 ~ 30 千米，有时甚至可以超过捕鲸船的速度。企鹅的前肢呈鳍状，可用作推进器；虽然，企鹅双脚的形状与其他飞行鸟类差不多，但企鹅的骨骼更加坚硬。这些特殊的结构使它们可以在水底“飞行”。为了能够潜入水底，企鹅的骨密度很大，使其体重增加，更利于潜水。

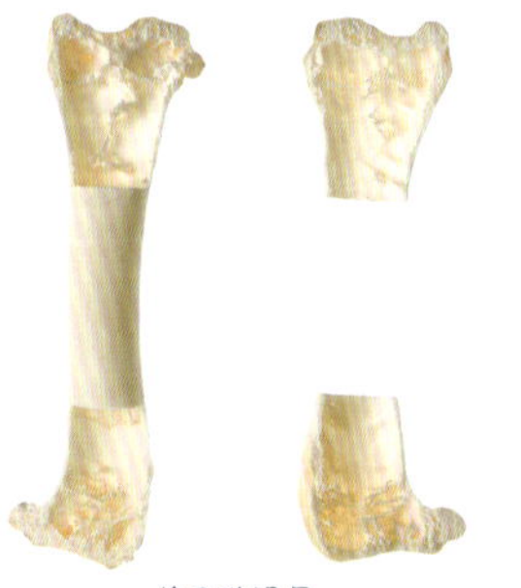

鸽子的股骨

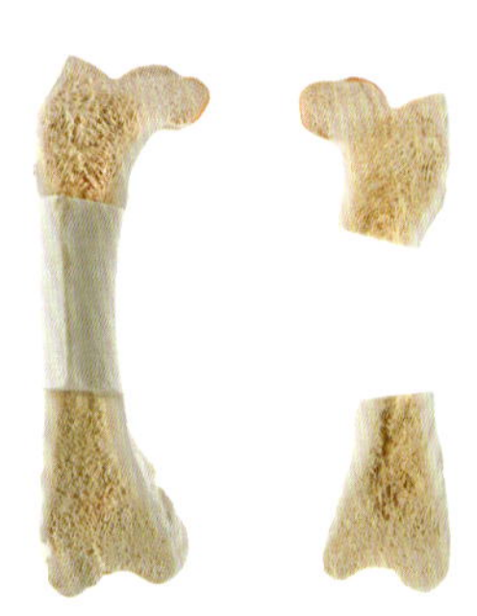

企鹅的股骨

企鹅为什么通常都是黑白体色呢?

企鹅的黑白体色是绝佳的伪装。在水里从下往上看时，很难区分白色的企鹅肚皮和明亮的海面，这被称为“反荫蔽”。企鹅的黑白体色能够保护企鹅免受鲨鱼、豹形海豹（*Hydrurga leptonyx*）等捕食者的攻击。

企鹅的头骨与长喙

企鹅头骨的塑化标本

仔细观察企鹅的头骨便能发现，其上长有很长的喙。英国《卫报》曾报道，秘鲁出土了一副比较完整的鸟类骨骼化石，经过电脑三维还原后，科学家惊讶地发现，这副化石骨架来自一只身长 1.5 米、体重 80 千克的巨型企鹅。科学家把这种史前怪物命名为“伊卡迪普特（Icadyptes）”。“伊卡迪普特”生活在热带地区，和现在的企鹅不同的是，它们的上肢非常发达，脖子粗短有力，尖锐的喙有 18 厘米左右长，这让它们能够更加轻易地捕获海中的鱼类。

帽带企鹅（*Pygoscelis antarctica*）

企鹅的生存现状

在过去 20 年中，全球企鹅种群数量急剧减少，有哪些因素威胁企鹅的生存呢？为了研究威胁因素，科学家评估了过去 250 年间，近 50 位专家的相关研究成果以及文件资料。最终得出结论：企鹅数量的减少与栖息地丧失、环境污染、渔业生产增加及气候变暖息息相关。

目前，南极环境在不断恶化，企鹅的数量不断减少，企鹅面临着巨大的生存压力。科学家表示，这些问题的出现，人类负有主要责任。

企鹅是如何进化的?

欲知答案，
请扫描左侧二维码

气候变暖中的企鹅

当前，全球气候变暖形势严峻。2020年初，据英国《卫报》报道，巴西科学家2020年2月9日在南极大陆靠近南美洲的西摩岛上测到当地气温一度高达20.75℃。这是有观测记录以来，南极洲首次测得气温超过20℃。伴随着气温的升高，南极地区也出现了“西瓜雪”的现象。这种现象是由一种南极地区的藻类快速繁殖导致的。这种藻类是绿藻家族的一员，通常生长在寒冷的水中，在陆地上的冰雪中处于休眠状态。环境温度的升高会导致这种藻类的细胞发生变化，产生大量的类胡萝卜素，从而呈现出鲜红的颜色。

“西瓜雪”现象

据2019年新华网报道，美国发表在生态环境科学期刊《全球变化生物学》上的一项研究称：现存企鹅家族中体形最大的成员——帝企鹅可能将在21世纪末灭绝。该研究者表示，如果不采取措施遏制全球气候变暖，预计到2100年，南极洲的帝企鹅数量将减少86%，届时帝企鹅的数量将不太可能回升，因此，该物种有可能走向灭绝。目前，洪氏环企鹅（*Spheniscus humboldti*）与斑嘴环企鹅（*Spheniscus demersus*）分别被列入《华盛顿公约》附录Ⅰ和附录Ⅱ。

趣味小贴士

为什么企鹅能抵御南极的严寒？

首先，企鹅是最古老的游禽之一。它很可能在南极洲未穿上冰甲之前，就已经来此定居了。其次，在长期暴风雪的磨炼中，企鹅全身的羽毛，已变成重叠、密集的鳞片状，这种特殊的“羽被”，不但海水难以浸透，就连零下近百摄氏度的酷寒，也休想突破它保温的“防线”。另外，企鹅的皮下脂肪层特别肥厚，这为企鹅维持体温又提供了保障。

并不是所有企鹅都生活在南极

加拉帕戈斯企鹅（*Spheniscus mendiculus*）是所有企鹅中分布位置最靠北的企鹅，也是唯一的一种赤道区企鹅，它们生活在厄瓜多尔西970千米太平洋海域赤道附近的加拉帕戈斯群岛上。当地的气温高达40℃左右，海水表面的温度达14～29℃。在此环境中，加拉帕戈斯企鹅尽可能在冷水中寻觅食物。

趣味问答

1. 企鹅属于哺乳动物还是属于鸟类？

   A. 鸟类

   B. 哺乳动物

2. 在企鹅家族中，体形最大的企鹅是哪种？

   A. 王企鹅

   B. 帝企鹅

3. 在企鹅家族中，体形最小的企鹅是哪种？

   A. 小蓝企鹅

   B. 巴布亚企鹅

4. 根据本讲内容，企鹅为什么要有厚厚的脂肪？

   A. 保暖御寒，增加体重，有助于潜水

   B. 企鹅代谢慢，容易长胖

5. 企鹅的骨骼有什么特点？

   A. 骨头很大

   B. 骨密度很大

黄眉企鹅
（*Eudyptes pachyrhynchus*）

南方的冬天有多冷？企鹅也要烤烤火？

欲知答案，请扫描下方二维码

第八讲

须鲸

XUJING

须鲸(*Balaenoptera*)与齿鲸相对应，是须鲸类动物的总称，包括小鳁鲸(*Balaenoptera acutorostrata*)、蓝鲸(*Balaenoptera musculus*)、座头鲸(*Megaptera novaeangliae*)等。须鲸口腔内都长有须板，每侧300～400枚。小鳁鲸是须鲸科、须鲸属小型须鲸的一种。小鳁鲸体形细长，头窄而尖、两侧对称、成一锐角等腰三角形。小鳁鲸多以太平洋磷虾和小鱼类为食。

下方的小鳁鲸塑化标本保持着两项世界纪录：第一项，该标本是世界上第一只展示小鳁鲸内部结构的塑化标本；第二项，该标本是世界上第一只大型海洋哺乳动物的塑化标本。

小鳁鲸塑化标本

小鳁鲸没有牙齿怎么进食?

小鳁鲸在进食时，先吞一口海水，然后嘴巴闭合，下颌的褶皱收缩，使海水从鲸须过滤出来，剩下的一些小鱼、小虾就是它的食物。小鳁鲸为什么只吃小鱼、小虾呢？因为小鳁鲸的食管特别细小，只能吃小鱼、小虾，不过它们的食量比较大。

小鳁鲸的鲸须（局部）

小鳁鲸的胃

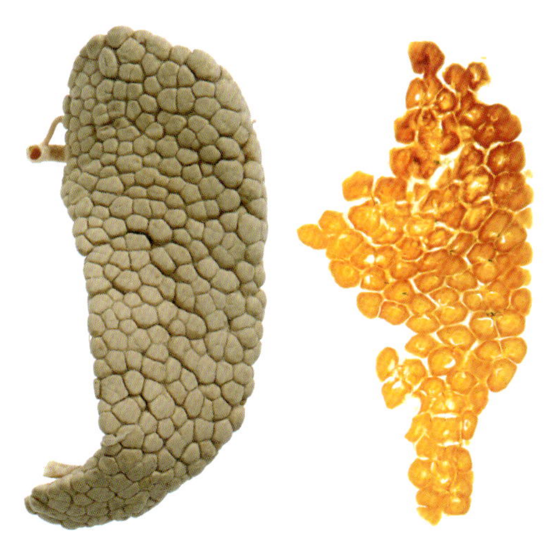
小鳁鲸的肾脏标本与切片

鲸的肾脏

与鱼类以及其他哺乳动物相比，鲸的肾脏功能非常强大。鲸的肾脏是复合肾，由多个独立的肾小叶构成，实际上是多个肾脏的复合体，每一个肾小叶独立完成肾功能。鲸依靠这超强的肾功能将吸进的海水淡化，并以尿液的形式排出体外。超强的肾功能使鲸能够生活在海水中而不会被“咸死”。

小鳁鲸的鲸须

鲸是鱼吗?

鲸不是鱼，而是哺乳动物。鲸类的共同特点是体温恒定，体温平均为 34.0 ~ 36.5℃。鲸主要分为齿鲸和须鲸两大类。齿鲸是有锋利牙齿的海洋巨兽，比如抹香鲸（*Physeter macrocephalus*）；须鲸是有鲸须的鲸，比如蓝鲸。事实上，须鲸的长须是由皮肤衍化来的，在过滤海水的同时，可以捕捉虾和其他小生物。

小鳁鲸的生存现状

小鳁鲸主要分布在太平洋及大西洋，在我国主要分布在渤海、黄海、东海、南海海域。目前，小鳁鲸在《IUCN 红色名录》中的濒危等级为低危，小鳁鲸已被收录于《华盛顿公约》附录Ⅰ（除被列入附录Ⅱ的西格陵兰种群），2021 年被升级为我国国家一级保护野生动物。

有研究显示，鲸的减少主要是因为人类的捕杀。1946 年，《国际管制捕鲸公约》签订。1946 年，国际捕鲸委员会（International Whaling Commission，IWC）成立。自 1986 年《全球禁止捕鲸公约》生效，每年被捕杀的鲸的数量从 22 000 头下降到 2700 头左右。

鲸的人为捕杀不利于海洋生态环境的良好发展。当鲸自然死亡后，会形成鲸落。鲸落不仅是鲸落入海底的过程，同时也可以理解为“另一种村落”，众多“村民”生活在这里。鲸落对于整个海洋生态系统起着非常重要的作用。

首先，鲸落为许多海洋生物提供了食物。这些海洋生物除了无脊椎动物和鱼类，还有许多微生物。与这些微生物相比，鲸的块头巨大，因此，一头鲸的死亡能够养活的海洋生物个体数量是相当可观的。其次，鲸落也为许多底栖生物提供了复杂的生活环境，为它们提供了有机质来源。另外，鲸落促进了海洋上层有机物向海洋中、下层的运输，有利于化能自养生物产生更多的能量。最后，鲸落这一独特的生态现象还促进了一些新生物种的产生。

人类对于鲸的大量捕杀一定程度上影响了鲸落自然生态系统，不利于海洋生态环境的维护与再生。

趣味小贴士

鲸为什么会喷水?

鲸虽然生活在水中，却仍要用肺呼吸。鲸的鼻孔与别的哺乳动物不同，它的鼻孔开口在头顶两眼中间。有的种类的鲸两个鼻孔靠在一起，有的种类的鲸两个鼻孔合成一孔。鲸在换气时，先要把肺中大量的废气排出来，由于强大的压力，喷气时发出很大的声音。强有力的气流冲出鼻孔时，把海水带到空中，在蓝色的海面上就出现了海中的喷泉。在寒冷的海洋里，因为外界的空气比肺内的空气温度低，肺中呼出的湿空气遇冷而凝结成小水珠，也能形成喷泉。

漂亮的“鲸骨裙”

女生都爱穿漂亮的公主裙，在裙撑的作用下，能凸显出女生优美的曲线。曾有一段时间非常流行“鲸骨裙”。自从蓬巴杜夫人发明了“鲸骨裙”后，欧洲女性便流行束腰。“鲸骨裙”所用的材料确切地说是鲸的须板。这个须板是当时做裙撑的最好材料，材质非常轻便、柔软、有弹性，不容易损坏，女士们穿着鲸须板做的“鲸骨裙”也便于坐立。但是鲸的须板实在是太稀少了，一头成年小鰛鲸的须板做不了几条裙子的裙撑，所以那时候人们大量捕杀鲸，很多欧洲商人靠从生活在北极圈周围的因纽特人手里倒卖鲸的须板发财。

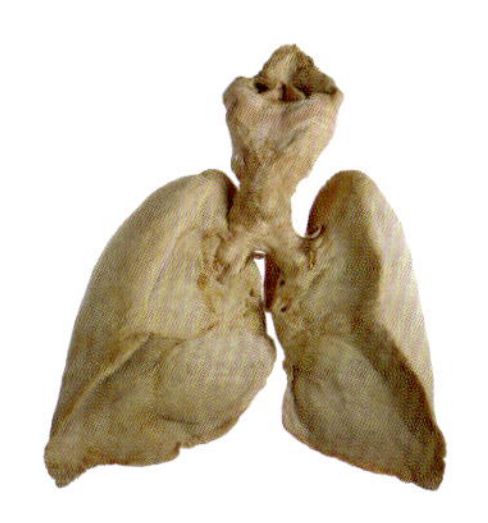

小鰛鲸的肺

小鰛鲸的鲸须与须板

你知道体积大的鲸究竟能有多大吗?

我们都知道鲸的体积很大，但它究竟能有多大呢？现存世界上体积最大的鲸是蓝鲸，一般情况下，其体长近 30 米，体重近 200 吨，血管粗得足以装下一个儿童。根据记录，20 世纪初被捕于南极海域的一头雌鲸，体长达 33.58 米，体重 170 吨。但这些数据由当时并不精通标准动物测量方法的捕鲸人测得，其可靠性存在争议。近代美国科学家测量到的最大的蓝鲸体长为 29.9 米，大概和波音 737 或三辆双层公共汽车一样长。

趣味问答

1. 鲸分为哪两大类？

   A. 齿鲸和须鲸

   B. 蓝鲸和白鲸

2. 鲸的生殖方式是什么？

   A. 胎生

   B. 卵生

3. 鲸属于恒温动物还是变温动物？

   A. 变温动物

   B. 恒温动物

4. 现存世界上体积最大的哺乳类动物是什么？

   A. 蓝鲸

   B. 大象

5. 鲸是如何呼吸的？

   A. 用鳃呼吸

   B. 用肺呼吸

6. 须鲸是如何进食的？

须鲸主要以浮游生物和小鱼、小虾为食，须鲸首先将含有浮游生物、小鱼、小虾的海水一起吸入口中，然后闭合口腔，此时鲸舌顶向上颚，将海水从须板间排出，海水中的浮游生物、小鱼、小虾等则被过滤后留在口中并被吞下。

获取更多有关鲸落的知识

请扫描下方二维码

第九讲

江豚

JIANGTUN

江豚（*Neophocaena*）是生活在咸、淡水域交界处的水生哺乳动物，它属于鲸目、齿鲸亚目的一种，是鼠海豚家族成员之一。江豚与海豚最大的区别是江豚没有背鳍。

江豚的大脑

江豚的大脑和人类的大脑非常相似，包括左、右大脑半球，是神经系统最高级的中枢。大脑半球表面凹凸不平，布满深浅不一的沟和回，内部是充满神经细胞的灰质和白质。

江豚的大脑

妊娠江豚的塑化标本

江豚的生殖

江豚和其他鲸类一样，生殖方式属于胎生。江豚一般一胎只生一仔，出生的小江豚靠吸吮乳汁获取营养，一般要持续一年左右。在上图妊娠江豚标本中的子宫内可看见尚未出生的小江豚。

鲸哺乳过程非常有意思，鲸妈妈在腹部两侧生有一对乳房，乳头藏在凹陷的皮肤褶皱里。当小鲸需要哺乳时，鲸妈妈的乳头会自动翻出，小鲸把舌头卷曲成封闭的圆管来吸吮乳汁，鲸妈妈通过肌肉收缩，将乳汁直接挤压到小鲸的口中，这样可以避免乳汁流失到大海里。

江豚完美的流线型

为了适应海洋生活，江豚的身体必须保持完美的流线型，以减少海水的阻力。所以，江豚已经进化得通体光滑，乳房藏在皮肤褶皱里，阴茎隐藏在体内，肚脐也变得不明显，其全身都无一丝累赘。

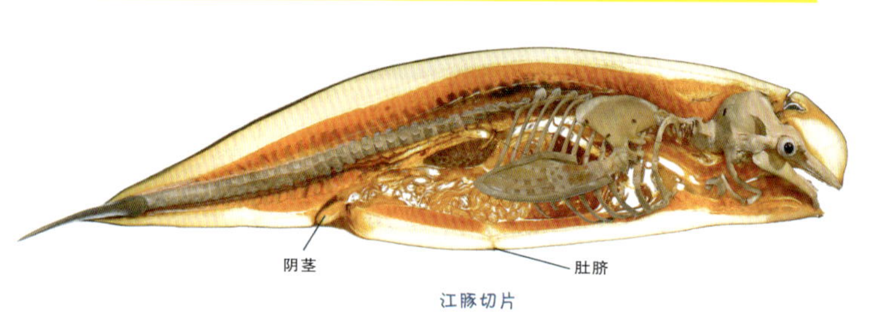

江豚切片

江豚的保护

现在，江豚已受到了人类的关注和保护，其中长江江豚（*Neophocaena asiaeorientalis*）被誉为“水中大熊猫”——虽然长得一点也不像大熊猫，但它却和大熊猫一样非常珍稀。长江江豚是长江生态的“晴雨表”，它偏爱在近水岸附近活动，容易受环境污染与人类活动的影响。2019 年 10 月，在第一届“长江江豚保护日”活动中，相关部门指出，我国已建立了 15 个长江江豚保护相关的保护区，覆盖了 40% 的长江江豚分布水域，保护了近 80% 的种群。

为保护长江水域水生动物的繁衍与发展，我国农业农村部官网发布通告，宣布从 2020 年 1 月 1 日 0 时起实施暂定为期十年的长江禁渔计划。目前，所有江豚都被列入《华盛顿公约》附录 I 中，除长江江豚是我国国家一级保护野生动物外，其他江豚都是国家二级保护野生动物。

趣味小贴士

为什么有些江豚会被淹死?

江豚是用肺呼吸的哺乳动物，如果发生大风天气，江豚的呼吸频率就会加快，露出水面很高，头部大多朝向起风的方向“顶风”出水，以获得足够的氧气。但随着生态污染的加剧，有些江豚会被一些大网或者铁丝卡住，无法动弹，这就造成了江豚的溺亡。2018 年 8 月 1 日，江西省九江市濂溪区鄱阳湖水域，就发现了一头成年雄性江豚浑身被丝网缠住，无法动弹，最终被困死在网中。

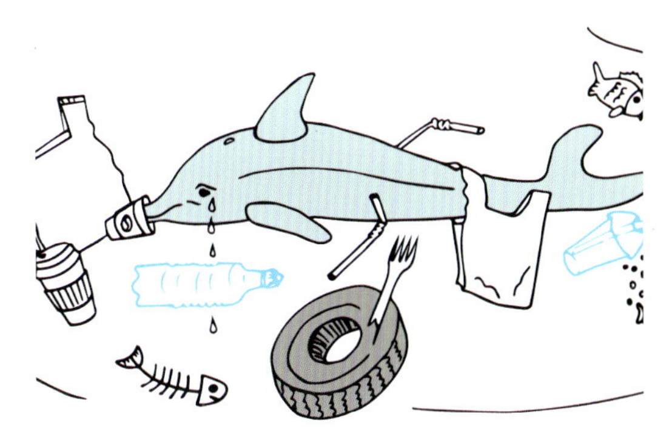

机智的夺食者

江豚在觅食的时候很讲究策略，如果集体发现鱼群，就协调行动，彼此分开游动，且常伴有前扑和甩头的动作，将猎物包围，被追逐的鱼群会被迫跳出水面，使水面一片银光闪闪，场面甚为壮观。但这也招来了一些“机会主义者”。当江豚在捕食时，空中盘旋的鸥类就会及时赶来，趁小鱼露出水面时不停地飞速掠过水面，抢食小鱼。

趣味问答

1. 江豚和海豚的最大区别是什么？

   A. 是否用肺呼吸

   B. 有无背鳍

2. 暂定为期十年的长江禁渔计划是从什么时候开始实施？

   A. 2020 年 1 月 1 日

   B. 2022 年 1 月 1 日

3. 江豚在海水中进食时是否会被呛着？为什么？

   江豚在海水中进食时不会被呛着，因为江豚的食管和气管在喉部呈十字形交叉，拥有各自的通道，互不相连。

4. 江豚的大脑构成是什么样子的？

   江豚的大脑和人类的大脑非常相似，包括左、右大脑半球，是神经系统最高级的中枢。

第十讲

海豹

HAIBAO

海豹（*Phocidae*）是对鳍足亚目种海豹科动物的统称，是海洋哺乳动物，胎生，多分布在北极、南极附近。海豹科成员大体可以分成北方和南方两个类群，共 11 种海豹。北极地区有 7 种，南极地区有 4 种。在数量上，北极海豹不如南极海豹多。

海豹在水中是怎么呼吸的?

海豹属于哺乳动物，哺乳动物都是靠肺来呼吸的。海豹会在水面上深吸一口气，然后再潜入水中进行捕食活动。在海豹潜水捕鱼时，它们的血红蛋白有很强的携氧能力，远超过其他陆生动物。为了延长潜水时间，海豹会减慢心率，减少部分内脏器官的供血量。当氧气即将耗尽时，海豹会浮出水面进行换气。

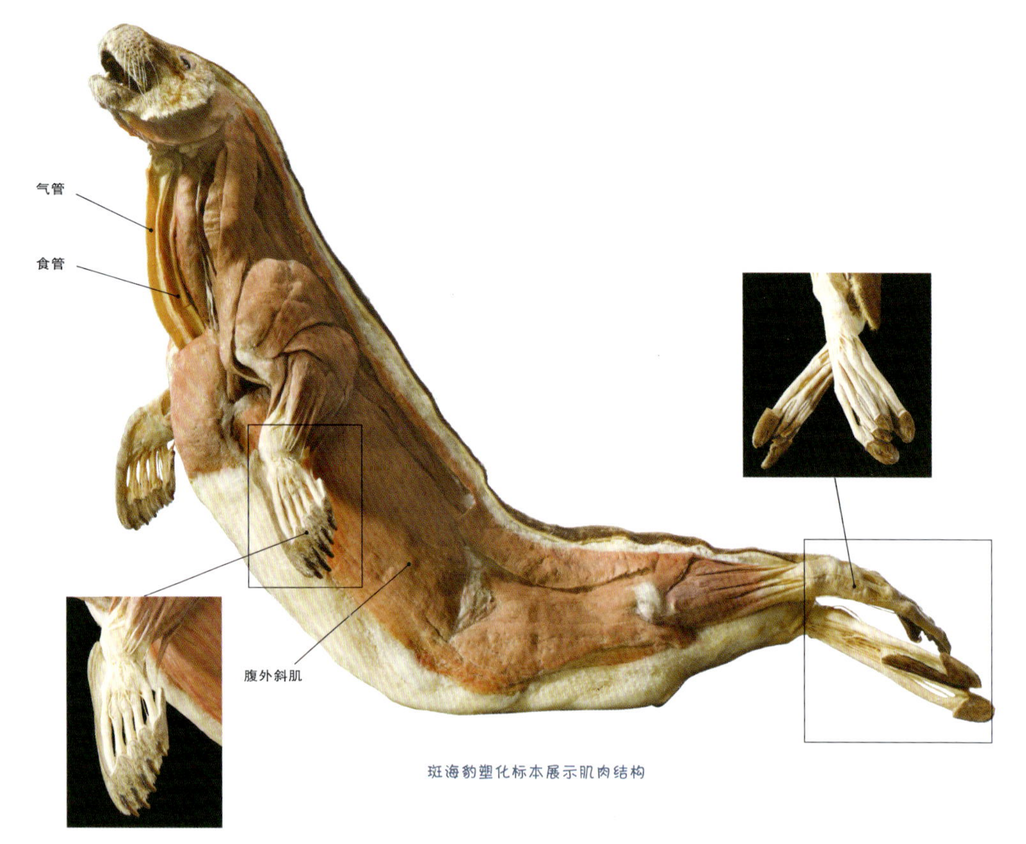

斑海豹塑化标本展示肌肉结构

斑海豹

斑海豹（*Phoca largha*）分布很广，它是生活在温带、寒温带的沿海和海岸的海洋哺乳类动物。在我国主要分布于渤海和黄海，斑海豹体长 1.5 ~ 2.0 米，雄性体重可达 150 千克，雌性可达 120 千克。斑海豹主要捕食鱼类，也吃头足类和甲壳类动物。斑海豹拥有美丽华贵的斑纹，前肢瘦小，后肢呈较大扇形，游泳速度极快，可逆流追逐鱼群。斑海豹是唯一在我国海域进行繁殖的海兽，生活在淡水和海水组成的“双合水”里。

辽东湾斑海豹又叫“西太平洋斑海豹”，主要栖息在渤海辽东湾一带。自 1950 年以来，辽东湾斑海豹种群数量逐渐下降，1983 年对辽东湾斑海豹实施禁捕，这一措施使其种群得到繁衍生息的机会，数量有所回升。

近些年，虽然斑海豹的保护措施在不断加强，但其整体数量仍不容乐观。目前，斑海豹在《IUCN 红色名录》中的濒危等级为低危，在我国，海豹科的所有物种都是国家二级保护野生动物，西太平洋斑海豹于 2021 年被升级为国家一级保护野生动物。

海豹、海狗和海狮有什么区别?

体形差异：海豹的体形中等，海狗体形最小，体形最大的是海狮。

外形差异：海豹身上长有像花豹一样的斑点。海狗和海狮同属于海狮科，是没有斑点的。海豹没有耳郭，只有耳洞，而海狗和海狮是长有小耳朵的，耳郭清晰可见。另外，海狮在外形上还有一个特征，就是脖子，大多数海狮脖子处都有明显的鬃毛，就像狮子鬃毛一样。

行为方式差异：从走路的方式上看，海豹的后肢只能向后摆，所以在地上只能匍匐前进；海狗速度较快，跑起来就像是一条笨拙的狗；海狮是能够直立行走的，但是速度并不快，正是因为它能够站起来，所以在很多海洋馆里面表演的，基本上都是海狮。

海狗塑化标本展示肌肉结构

海狮塑化标本展示肌肉结构

国际海豹日

2009 年，欧盟立法禁止商业捕杀所得的海豹产品在欧盟区的贸易，俄罗斯政府也禁止俄罗斯的商业性海豹屠宰。在美国，国际海豹日（International Day of the Seal）是每年的 3 月 22 日。加拿大的“国际反对商业猎取海豹行动日”（International Day of Action Against the Commercial Seal Hunt）设定在每年的 3 月 15 日。我国的环保团体则把每年的 3 月 1 日定为国际海豹日。

趣味小贴士

海豹的“一夫多妻”制

海豹社会实行“一夫多妻”制。雄海豹拥有妻室的多少在很大程度上依赖于该海豹的体质状况，年轻体壮的雄海豹往往有较多的配偶。在发情期，雄海豹便开始追逐雌海豹，一只雌海豹后面往往跟着数只雄海豹，而雄海豹会通过战斗来争夺交配的权力，交配完成后雄海豹就会离去，寻找下一个目标。

趣味问答

1. 海豹和海狮不同的部位有哪些？（多选）

   A. 耳朵　B. 脖子　C. 后肢

2. 我国的国际海豹日是哪天？

   A. 3月1日

   B. 3月15日

   C. 3月22日

3. 下列动物中体形最大的是哪种？

   A. 海豹　B. 海狗　C. 海狮

4. 下列哪种动物脖子处一般都会有明显的鬃毛？

   A. 海狮　B. 海豹　C. 海狗

5. 下列哪种动物在陆地上的行走速度最快？

   A. 海豹　B. 海狗　C. 海狮

获取更多有关海豹的知识

请扫描下方二维码

第二章 陆地家族

第十一讲

鳄鱼

EYU

鳄鱼（*Crocodylus siamensis*）为食肉卵生脊椎动物，体胖力大，登陆能爬，入水能游，因此被称为“爬虫类之王”。目前归为水生野生动物。

鳄鱼塑化标本展示肌肉结构

鳄鱼的肌肉

图中所示标本中，可以看到鳄鱼的肌肉非常发达，特别是头部两侧有巨大的咬肌及颈部肌肉，这使得鳄鱼有足够的力量去捕食一些体形稍大的猎物。

鳄鱼的大嘴巴

鳄鱼的咬合力超强，但张力真的很弱

鳄鱼算是世界上咀嚼力最强的动物了。不过，鳄鱼的咬合力虽然强悍，但其嘴巴的张力很弱。鳄鱼嘴张开的力只有 294 牛左右，而一个成年男性手的握力约为 392 牛。也就是说，力气大的人，只要一只手握住鳄鱼的嘴，鳄鱼就张不开嘴了。

鳄鱼的嘴巴

鳄鱼的嘴巴很长也很大，这样的结构能帮助它吃一些体形较大的食物。仔细观察会发现，鳄鱼没有嘴唇，就算嘴巴紧紧闭合，水也会不停地渗入鳄鱼口中。那它会不会被水撑死呢？答案是不会的。鳄鱼有一个秘密法宝，就是它的舌根处长有喉盖，喉盖可以抵住上腭，帮助鳄鱼在水中进食。这样一来，鳄鱼就不会被呛到也不会被水撑死了。

通常，鳄鱼的嘴巴还有一个作用，就是把孵化出来的幼崽含在嘴里保护起来。但是，恒河鳄（*Crocodylus palustris*）的嘴实在是太窄了，不能把幼崽含在嘴里，只能背在背上保护。

鳄鱼的脑

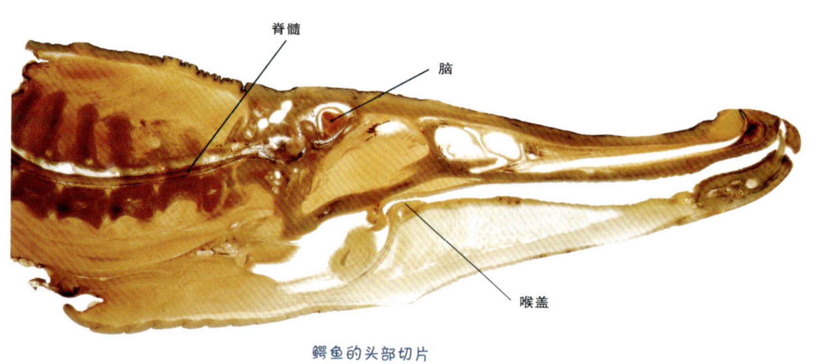

鳄鱼的头部切片

鳄鱼属于爬行动物，其与鸟类和哺乳类动物的智商是有明显差别的。鳄鱼的脑比较小，且主要由脑泡构成，所以，鳄鱼的智商并不高。爬行动物的智力主要表现在记忆力和认知、反馈能力方面，其大脑中并没有能产生情绪的部分。所以，鳄鱼有记忆力但没有喜怒哀乐。

鳄鱼的进食

鳄鱼的颅骨

虽然鳄鱼咬合力非常惊人，但鳄鱼不能像人一样咀嚼，因此，鳄鱼在捕猎时常采用一种独特的方法——“死亡翻滚”。在捕猎时，鳄鱼会紧紧咬住猎物的一部分，然后开始翻滚，将猎物身上的肉和四肢撕扯下来。当猎物过大，一只鳄鱼难以应对时，其他鳄鱼就会上来帮忙咬住猎物，同时向相反的方向翻滚，将猎物撕成碎片，这就是著名的“死亡翻滚”。

鳄鱼的保护

扬子鳄（*Alligator sinensis*）、中美短吻鼍（tuó）（*Caiman crocodilus apaporiensis*）、尖吻鳄（*Crocodylus cataphractus*）、中介鳄（*Crocodylus intermedius*）、菲律宾鳄（*Crocodylus mindorensis*）、恒河鳄、菱斑鳄（*Crocodylus rhombifer*）、暹（xiān）罗鳄（*Crocodylus siamensis*）、短吻鳄（*Osteolaemus tetraspis*）、马来鳄（*Tomistoma schlegelii*）、食鱼鳄（*Gavialis gangeticus*）等属于濒危野

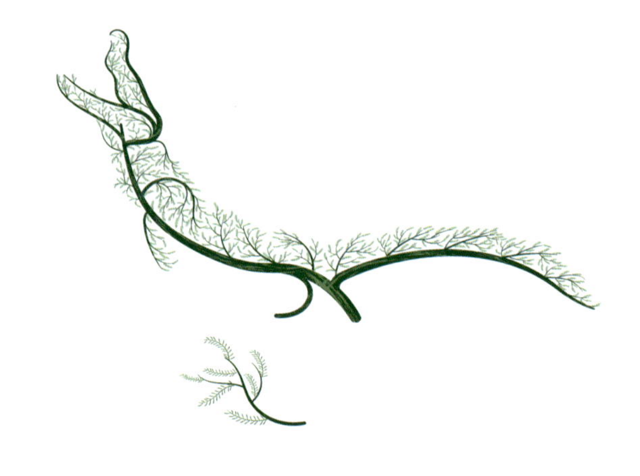

生物种，是国际重要保护物种，被列入《华盛顿公约》附录Ⅰ中，禁止对其进行国际贸易。在鳄目中，除了被列入附录Ⅰ的物种，其他种类的鳄鱼均被列入附录Ⅱ。

扬子鳄是我国特有的一种鳄鱼，现存数量非常稀少，是世界上濒临灭绝的爬行动物之一。野生扬子鳄的生存环境受人为因素影响较大，特别是在繁殖期，人类活动使其产蛋地不断变迁，导致野生扬子鳄孵化率下降，直接对其产蛋造成影响。由于扬子鳄栖息地逐渐被辟为农田、鱼塘，农民在捕鱼的过程中容易误抓扬子鳄，误抓后不能被及时放归或得不到科学养殖也会导致扬子鳄死亡；农药的使用间接地给扬子鳄的生存带来威胁，经常出现野生扬子鳄误食中毒猎物导致死亡的现象；扬子鳄的活动给农业生产带来破坏也导致了居民对它的捕杀。而民间私自进行的扬子鳄买卖对野生扬子鳄的生存也构成了极大的威胁，这也是野生扬子鳄数量一直反复波动的原因之一。

目前，扬子鳄在《IUCN 红色名录》中的濒危等级为极危。1972 年，我国将扬子鳄列为国家一级保护野生动物，1973 年国际上将扬子鳄列为濒危种和禁运种。

趣味小贴士

鳄鱼的眼泪

鳄鱼有时会流眼泪，这代表它在伤心难过吗？事实上，鳄鱼流眼泪并不是因为伤心，而是因为鳄鱼的肾脏排泄功能不完善，导致鳄鱼没有办法单一地依靠肾脏彻底排出体内多余的盐分，而是需要靠一种特殊的盐腺来辅助排泄，这个盐腺恰好位于鳄鱼眼睛附近，所以当鳄鱼通过盐腺排盐时，我们就会看到鳄鱼流眼泪的现象。

鳄鱼的近亲居然是鸟类

鳄鱼虽然生活在湖泊、沼泽等有水的地方，且名字里有一个“鱼”字。但事实上，鳄鱼并不是鱼，而是一种冷血的卵生爬行动物，与距今约 2 亿年的恐龙属同时代动物。那么，鳄鱼的近亲是谁呢？答案居然是鸟类。研究人员推断出鸟类和鳄鱼共同祖先的基因组序列，而这个祖先也是那些在 6000 多万年前就已经灭绝了的恐龙的祖先。

趣味问答

1. 中国特有的鳄鱼品种是哪种？

   A. 扬子鳄

   B. 河口鳄

2. 鳄鱼的进食方式是什么？

   A. 将猎物直接吞入口中

   B. 将猎物身上的肉和四肢撕扯下来

3. 鳄鱼为什么会流眼泪？

   A. 鳄鱼正在通过盐腺排盐

   B. 鳄鱼在伤心难过

4. 鳄鱼的咬肌有什么特别之处？

   A. 鳄鱼的咬肌位置奇特

   B. 鳄鱼的咬肌非常发达

第十二讲

蛇

SHE

蛇（*Serpentiformes*）是四肢退化的爬行动物的总称，属于食肉动物，全球共有3000多种蛇类。蛇是变温动物，体温低于人类，又被称为“冷血动物”。当环境温度低于10℃左右时，蛇会自动进入冬眠状态。

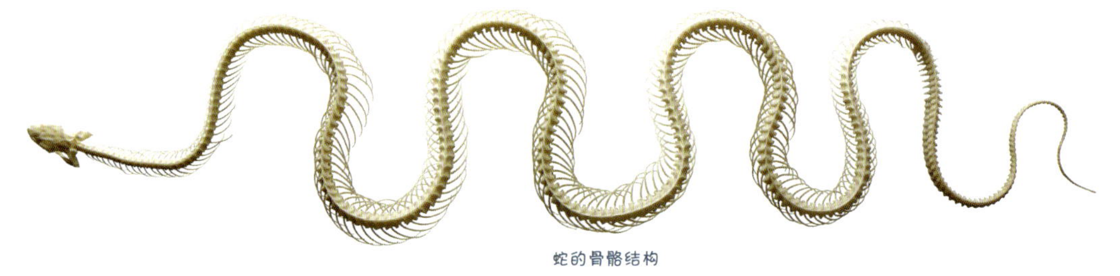

蛇的骨骼结构

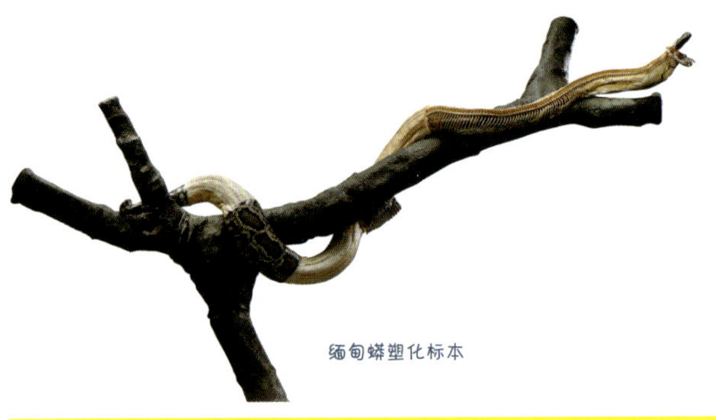

缅甸蟒塑化标本

蛇身上有多少块脊椎骨?

左图是一件缅甸蟒的展品，其体内有400多块脊椎骨。因脊椎骨比较多，蛇被称为“脊椎之王”。蛇的肌肉非常坚实，像钢丝一样，因而它的缠绕力量特别大。

蛇的进食

我们经常看到蛇会吃掉比自己大好多倍的食物，这与它口腔特殊的生理构造是分不开的。蛇的上下颌骨是由韧带连接的，所以它的嘴巴可以张得很大。而且，蛇的食管和气管是分开的，可以确保它在吃大型食物的时候不会被噎到。

蛇的头骨

缅甸蟒的口腔

缅甸蟒的头颈部

蛇的脂肪

虽然，蛇看起来多为细长的体形，但它的身体内部是有许多脂肪球的。蛇体内的脂肪球既能为蛇正常的生理活动提供能量与热量，还能帮助其缓冲外界的机械压力。例如，蛇在爬上树之后，有时会有往下掉落的情况发生，但从高处掉落后的蛇并没有明显摔伤，这就是因为其体内的脂肪球在蛇坠落时起到了缓冲的作用。

蛇的脂肪球

蛇岛蝮

蛇岛蝮

蛇岛蝮（*Gloydius shedaoensis*）为我国特有的蛇种，被列为国家二级保护野生动物，主要分布在我国辽东蛇岛。这种蛇既冬眠也夏眠，春秋两季是它们的采食季节，主要以停歇在岛上的迁徙鸟类为食。虽然蛇岛蝮身长最长只有 1 米多，但其毒性是非常强的，1 克蛇岛蝮的毒液可毒死近千只兔子。

蛇的保护

目前，已有多种蛇类被列为保护动物。例如，蟒蛇（*Python bivittatus*）、眼镜王蛇（*Ophiophagus hannah*）的濒危等级在《IUCN 红色名录》中为易危，且被列入《华盛顿公约》附录Ⅱ中，是我国国家二级保护野生动物；莽山原矛头蝮（*Protobothrops mangshanensis*）的濒危等级在《IUCN 红色名录》中为濒危，被列入《华盛顿公约》附录Ⅱ中，是我国国家一级保护野生动物。

趣味小贴士

你知道响尾蛇导弹吗?

响尾蛇捕捉猎物很特别，它并不是依靠眼睛来看，而是靠其头部的“热眼”来探测周围的猎物。这个“热眼”在它的颊窝处，是一种热源探测系统，它能帮助响尾蛇在黑暗中准确无误地捕获猎物。美国利用这一原理，研制出一种空对空导弹的敏感器件，能够探测来自目标的红外线，从而紧紧盯住目标不放，直至把目标摧毁。这种导弹被命名为“响尾蛇导弹”。

画蛇添足真的是多余的吗?

在大多数人的认知里，蛇是没有脚的，因此，常用画蛇添足来比喻做事多此一举。其实，有些种类的蛇是有脚的。例如蟒蛇，在它的泄殖腔两侧，有爪状的后肢残迹，平时是缩进去的，交配的时候可以起到固定雌蛇的作用。在缅甸蟒的塑化标本中也可以看到，在靠近它尾巴的地方有退化的腿部结构痕迹。

为什么打蛇要打“七寸”?

当动物的脊椎骨受重创时，被脊椎骨所保护的脊髓就会遭受严重的损伤，且损伤越靠近头部，影响也越大。通常蛇“三寸”处的脊椎骨被打伤或打断，蛇就无法抬起头来攻击人；而“七寸”处是蛇的心脏所在位置，此处一旦受到致命重击，蛇自然必死无疑。当然，“三寸”“七寸”的位置也并不是每条蛇都一样的，因蛇的种类、大小不同而有所差异。

蛇吐舌头是为了恐吓对方吗?

几乎所有的蛇都有一条鲜红而又分叉的舌头，也称为“蛇信”。蛇的舌头与众不同，表面没有味蕾，无法辨别酸甜苦辣，其功能反而更像其他动物的鼻子，能分辨外界的气味。蛇经常吐舌头，并不是为了恐吓对方，而是接收空气中的各种化学物质，这与其他动物鼻腔的功能有相似之处。蛇不断地吞吐舌头，就是在不断地“嗅”外界的气味。

趣味问答

1. 蛇的脊椎骨大概有多少块？

   A. 400 多块

   B. 600 多块

2. 蟒蛇是恒温动物还是变温动物？

   A. 变温动物

   B. 恒温动物

3. 在什么样的环境下蛇会冬眠？

   A. 环境温度低于 0℃左右

   B. 环境温度低于 10℃左右

4. 蛇为什么能吃掉比自己大很多的动物？

蛇的上下颌骨是由韧带连接的，所以它的嘴巴可以张得很大。而且，蛇的食管和气管是分开的，可以确保它在吃大型食物的时候不会被噎到。

获取更多有关蛇的知识

请扫描下方二维码

第十三讲

鸵鸟

TUONIAO

鸵鸟（*Struthio camelus*）是现存世界上体形最大却不能飞翔的鸟类。鸵鸟的奔跑速度特别快，可以达到 50 千米每小时，冲刺的速度可以达到 70 千米每小时。鸵鸟是世界上唯一拥有两个脚趾的鸟类。

鸵鸟的大脑

鸵鸟是非常笨的。如何才能辨别动物之间谁更聪明呢？主要通过三点：第一点，看脑的大小，一般体积越大越聪明；第二点，看脑表面沟和回的复杂程度，一般表面越复杂越聪明；第三点，也是最重要的一点，就是看脑的大小占身体的比例，一般脑占身体的比例越大越聪明。结合这三点判断，鸵鸟的大脑小而简单，所以鸵鸟较笨。相比鸵鸟，有些鸦科鸟类拥有非凡的智力，不仅可以通过镜子认识自己，甚至有制作工具的能力。

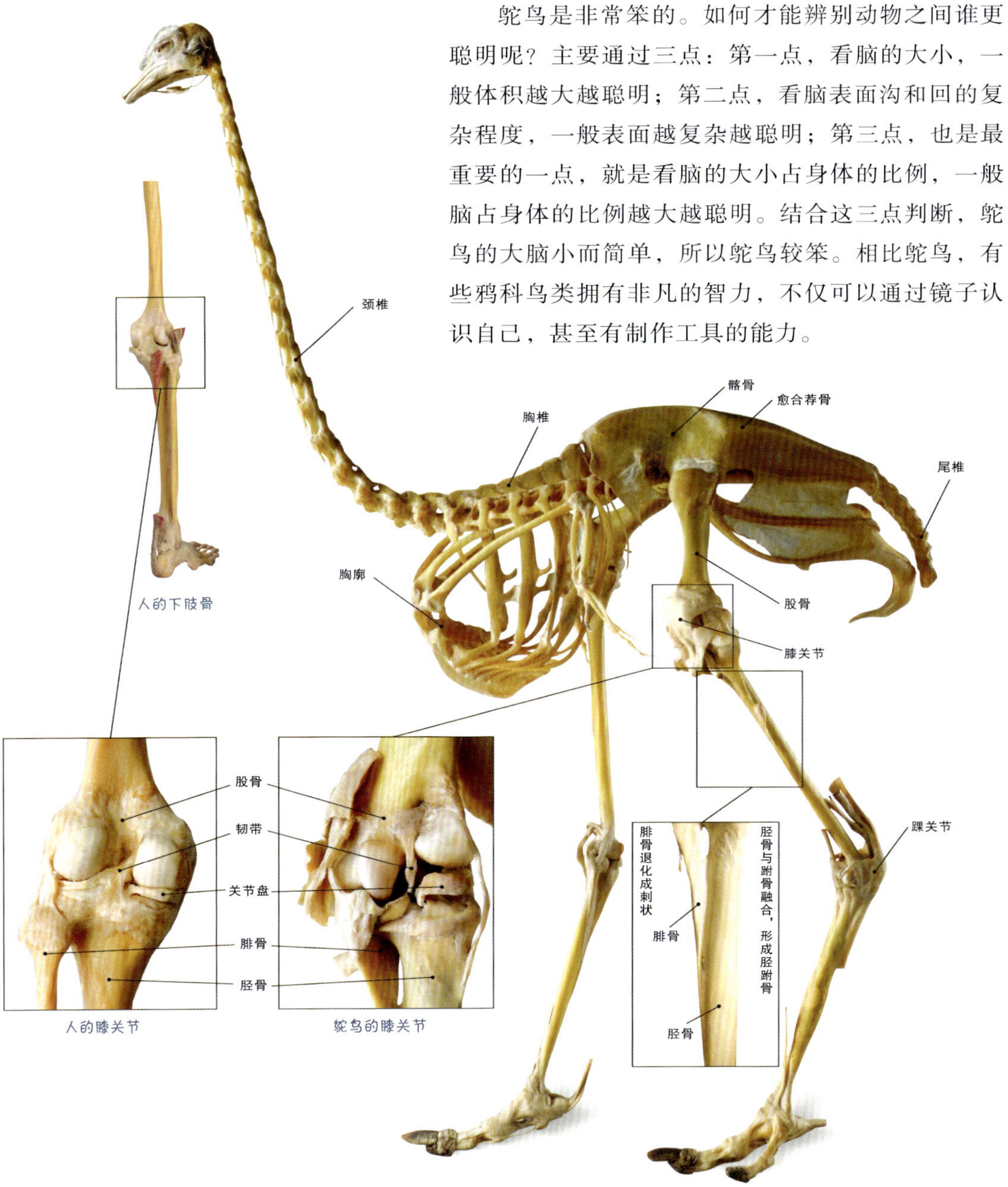

颈椎
髂骨
愈合荐骨
胸椎
尾椎
胸廓
股骨
膝关节
人的下肢骨
股骨
韧带
关节盘
腓骨
胫骨
人的膝关节
鸵鸟的膝关节
腓骨退化成刺状
胫骨与跗骨融合，形成胫跗骨
腓骨
胫骨
踝关节

鸵鸟的骨架

鸟类的骨骼

鸟类的腿部运动关节和哺乳类动物区别很大，它们的膝关节似乎长反了。其实不然，鸟类的股骨被包埋在皮肤下，我们通常看到的是鸟类的胫跗骨，鸟类的腓骨退化成刺状，胫骨与部分跗骨融合，形成胫跗骨，这样能增加鸟类起飞和降落时的弹性。

鸵鸟与鸸鹋（ér miáo）有什么区别?

鸵鸟

鸵鸟是鸵鸟科的唯一物种，生活在非洲草原上，是一种体形巨大、不会飞，但奔跑速度很快的鸟，也是世界上现存体形最大的鸟类。鸵鸟仅有两个脚趾。

鸸鹋（*Dromaius novaehollandiae*），以擅长奔跑而闻名，主要分布在澳洲，是世界上体形第二大的鸟类，仅次于非洲鸵鸟，因此也被称作"澳洲鸵鸟"。鸸鹋有三个脚趾。

鸵鸟的保护

鸵鸟在野外分布范围较广，种群数量稳定，未达到物种生存的脆弱濒危临界值标准，因此被评为无生存危机的物种，但仍需加以保护。目前，鸵鸟在《IUCN红色名录》中的濒危等级为低危，非洲地区的许多种群的鸵鸟被列入《华盛顿公约》附录Ⅰ中。在我国，鸵鸟被列入《人工繁育国家重点保护陆生野生动物名录》。

趣味小贴士

鸵鸟为什么不会飞?

首先，鸵鸟的体重太重了，很难靠自身力量飞上天。而且，鸵鸟的胸部扁平，胸肌不发达，翅膀已经退化，变得非常小且力量不足；其次，鸵鸟的飞行器官与其他鸟类不同。鸟类的飞行器官主要有由前肢演变的翅膀、羽毛等，而且，它们还有一个羽毛保养器——尾脂腺。尾脂腺分泌油脂以保护羽毛不变形。相比之下，鸵鸟的羽毛既柔软又松散，不利于扇动空气，其尾脂腺也不发达。因而，鸵鸟没办法飞翔。

鸵鸟的塑化标本展示肌肉结构

鸵鸟的眼睛比大脑大?

科学家发现非洲鸵鸟全脑平均重量为 26.34 克，全脑的重量仅占体重的 0.015%，比例远低于其他家禽。而鸵鸟的眼睛大小及其占头颅的比例则是陆地上脊椎动物中最大的。鸵鸟眼睛大是高度进化的结果，因为鸵鸟生活的环境要求其必须保持高度的警惕性，鸵鸟不会飞，所以只好进化出大眼睛以便更好地观察周围环境。

趣味问答

1. 下列哪几种鸟不会飞？（多选）

   A. 企鹅　　B. 鸵鸟

   C. 鸸鹋　　D. 天鹅

2. 现存世界上体形最大的鸟类是哪种鸟？

   A. 鸵鸟　　B. 东方白鹳

3. 通过哪个部位能快速区分鸵鸟和鸸鹋？

   A. 脖子　　B. 脚趾

4. 鸵鸟有几个脚趾？

   A. 3 个　　B. 2 个

5. 如何判断大脑的聪明程度？

   大脑越大，表面沟回越复杂，含有的神经元细胞的数量就越多，完成各种复杂行为和活动的潜力就越大。但是，单独比较不同动物的大脑大小意义不大，脑的大小占身体的比例是公认的比较动物进化程度和智力水平的有效指标。

获取更多有关鸟类大脑的知识

请扫描下方二维码

第十四讲

骆驼

LUOTUO

骆驼（*Camelidae*）根据其驼峰的数量可分为单峰驼和双峰驼。单峰驼是一种大型的偶蹄目动物，主要分布在非洲北部、亚洲西部。双峰驼主要分布在中国、蒙古国、哈萨克斯坦、印度北部以及俄罗斯等地。单峰驼的睫毛很浓密，耳朵小而多毛，个头比较高大；双峰驼比较驯顺、易骑乘，适于载重，其行走速度最高可达 16 千米每小时。由于骆驼特别耐饥渴，能在没有水的条件下生存 2 周，没有食物的条件下生存 1 个月之久，且人们能骑着骆驼横穿沙漠，所以骆驼有着“沙漠之舟”的美称。

骆驼的眼睛

骆驼的眼睛长有很长的睫毛，而且是双层的，这些睫毛既可保护眼睛免受强日光照射，也可防止在沙尘暴条件下，沙子等异物进入眼睛。

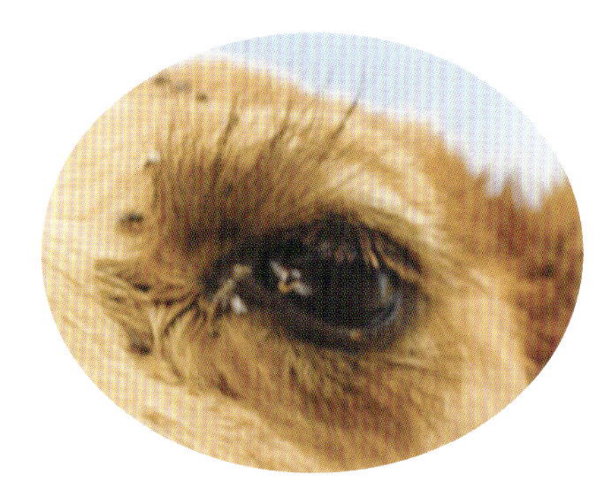

骆驼的眼睛

骆驼的胃

骆驼的胃

骆驼是反刍动物，胃分 3 室，这样的结构能够帮助骆驼将食物中的固体与液体分开。第 1 室是能盛水的胃囊，骆驼喝 1 次水，在没有水的环境下能坚持 2 周之久，这也是沙漠环境赋予骆驼的特殊能力；第 2 室是吃干草的胃囊；第 3 室是具有消化吸收功能的胃囊。骆驼体内的这些胃囊是它能耐饥渴的关键。此外，骆驼的胃里有许多形似瓶子的“小泡泡”，那是骆驼贮存水的地方，这些“小泡泡”里的水使骆驼即使几天不喝水，也不会有生命危险。骆驼的嗅觉非常灵敏，可以嗅到千米以外的水源。

骆驼的驼峰

骆驼背部隆起像山峰状的部分叫作“驼峰”，里面储藏了大量脂肪，在骆驼得不到食物时，可将其分解成身体所需的养分，供骆驼生存需要，因此骆驼可以较长时间不吃食物。聚集在一处的脂肪，有利于骆驼在炎热的环境中散热，使其体温保持恒定。

骆驼塑化标本展示肌肉结构

骆驼的子宫

骆驼是胎生动物，右图所示的是妊娠骆驼的子宫。我们能够看到其子宫内还有一只尚未出生的小骆驼。

骆驼的子宫

骆驼的保护

目前，在一些野味市场时有兜售骆驼肉的情况发生。事实上，野骆驼数量极少，属世界性稀有珍贵动物，严禁猎杀。野骆驼一般是指野生双峰驼，是生活在亚洲腹地的最大型的哺乳动物之一。据国际野骆驼保护研究中心调查，全世界野骆驼的数量估计不超过 1000 头，比大熊猫还要稀少和珍贵，其中 700 ~ 800 头分布在我国境内，其余主要在蒙古国境内。野骆驼在《IUCN 红色名录》中的濒危等级为极危，野骆驼是我国国家一级保护野生动物。

趣味小贴士

为什么骆驼吃仙人掌不怕扎嘴?

在骆驼的嘴巴里长满了圆锥形的乳突，而这些长在嘴巴里的乳突很多都已经角质化，非常坚硬。在咀嚼仙人掌时，骆驼会先把柔软的舌头蜷缩起来，这些乳突能让骆驼在吃仙人掌的时候不被刺破和划伤。

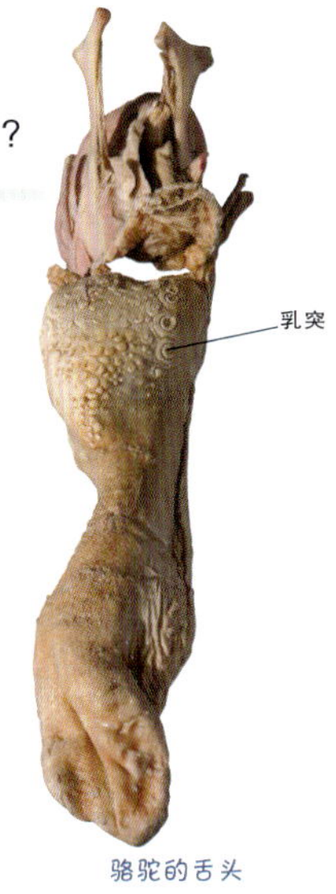

骆驼的舌头

神奇的骆驼奶

牛奶由于营养丰富而备受人类青睐，是许多人日常的重要营养来源。事实上，骆驼奶的营养价值也很高，绝不亚于牛奶。骆驼奶钙含量高，饱和脂肪酸含量低，另外，骆驼奶可以减少糖尿病患者对胰岛素的需求，对消化性溃疡与原发性高血压患者也有益。

趣味问答

1. 骆驼的胃有什么特点?
   A. 有许多形似瓶子的“小泡泡”
   B. 胃很大
2. 骆驼的胃分几室?
   A. 3室　　B. 5室
3. 骆驼的长睫毛有什么作用?（多选）
   A. 免受强日光照射
   B. 防止沙子等异物进入眼睛
   C. 美观、好看
4. 骆驼按驼峰数量可分为几种?
   根据驼峰的数量，骆驼可分为两种：单峰驼和双峰驼。
5. 驼峰里的脂肪有什么作用?
   驼峰里的脂肪可在骆驼得不到食物时，分解成身体所需的养分，供骆驼生存需要；聚集在一处的脂肪，可以使骆驼的体温保持恒定。

获取更多有关骆驼科动物的知识

请扫描下方二维码

第十五讲

棕熊

ZONGXIONG

棕熊（*Ursus arctos*）也称“灰熊”，其嗅觉极佳，是猎犬的 7 倍。棕熊脚掌上的毛皮颜色根据棕熊分布区域的不同而不同，从近乎全黑到巧克力棕色和灰色，再到红色和淡棕色等。棕熊是陆地上食肉目体形最大的哺乳动物之一，主要栖息在寒温带针叶林中，分布于欧亚大陆和北美洲大陆的大部分地区。

棕熊的爪尖

棕熊的熊爪

棕熊前臂在挥击的时候力量很大。前爪的爪尖最长达 15 厘米，这些爪尖相对比较粗钝，但却可以造成极大的破坏。据说一只成年棕熊的前爪可以击碎野牛的脊背，由此可见其力量之大。

熊掌营养价值高吗?

右图展示的是棕熊的肌肉。棕熊一掌拍下可使人丧命，主要因为它掌部的肌肉发达。熊掌的营养价值与猪蹄相似，主要成分为胶原蛋白。为了更好地保护棕熊，倡导拒食野味熊掌。

棕熊的塑化标本展示肌肉结构

棕熊的肌肉与脂肪

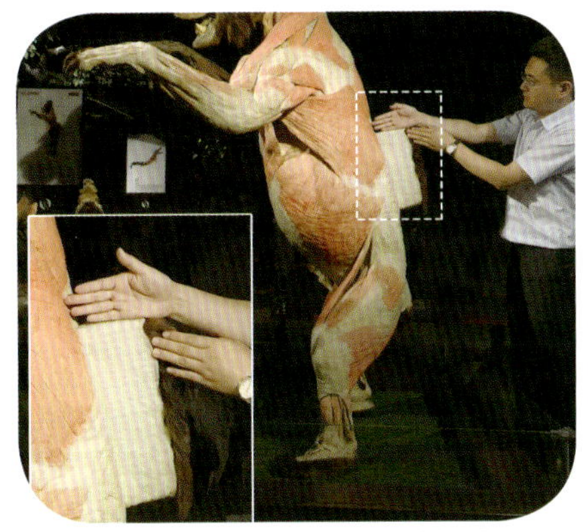

棕熊塑化标本展示近 15 厘米厚的脂肪层

棕熊体形巨大，虽然它看起来笨拙，但其奔跑速度非常快，时速可达 56 千米，而且很有耐力，棕熊可以以最快速度跑几十分钟，仍不觉得累，这得益于它强大的后肢肌肉。从左图所展示的棕熊后背，我们可以看到棕熊厚厚的脂肪，棕熊的脂肪含量占体重的 25% ~ 45%，在夏天，身体会增加一倍的脂肪量，含量几乎占体重的一半，棕熊在冬眠时需要这些脂肪储存能量并减少热量散失。

棕熊的保护

由于棕熊的体形较大且具有攻击性，一般不被捕食。但在过去，棕熊一直被人类迫害，目前，棕熊在《IUCN 红色名录》中的濒危等级为低危。棕熊是我国国家二级保护野生动物，不丹、中国、墨西哥和蒙古种群的棕熊已被列入《华盛顿公约》附录Ⅰ，其他所有种群则被列入附录Ⅱ。

趣味小贴士

熊难道真的瞎吗?

有些地方的人将熊称为“熊瞎子”，那么熊真的瞎吗?其实不是。有研究显示，熊在没有遮挡物的情况下，能够看到很远的物体。因此，熊可不瞎。不仅如此，熊还具有辨色能力，常见的红、绿、蓝色都可以辨认出。

遇到熊,躺在地上装死能免受袭击吗?

有人认为，遇到熊不要逃跑，躺在地上装死就能躲过一劫，其实这样的做法很危险。那么，遇到熊时为什么不能装死呢?科学家分析了熊攻击人的三个主要原因：一是为了吃人；二是为了反击人；三是为了玩耍。因此，如果遇到以上情况，装死就等于坐以待毙。

趣味问答

1. 棕熊的奔跑速度有多快?
   A. 时速可达 30 千米
   B. 时速可达 56 千米
2. 棕熊为什么能跑得那么快?
   A. 拥有强壮的后肢肌肉　　B. 腿很长
3. 棕熊什么季节的脂肪含量最高?
   A. 冬季　　B. 夏季
4. 棕熊的脂肪含量有多少?
   棕熊的脂肪含量占体重的 25% ~ 45%，在夏天，身体会增加一倍的脂肪量，含量几乎占体重的一半。

获取更多有关熊家族的知识

请扫描下方二维码

第十六讲

牦牛

MAONIU

牦牛（*Bos mutus*）高大威猛，外观和普通的牛相像，但是，牦牛有很多独有的特征，算得上是牛中的“高富帅”。牦牛主要分布在我国的青藏高原等高山地区，是除人类之外世界上生活海拔最高的哺乳动物。由于牦牛适应高寒生态条件，耐寒、耐劳，善走陡坡险路、雪山沼泽，能游渡江河激流，因此有着“高原之舟”的称号。

牦牛与人类的关系

牦牛既可用于农耕，又可在高原用作运输工具。牦牛还有识途的本领，善走险路和沼泽地，并能避开陷阱择路而行，可作旅游者的向导。对于藏族人民来说，牦牛具有不可替代的地位，被称为“宝贝”。之所以如此称呼，是因为牦牛为藏族人民的生活提供了基本保障。牦牛浑身是宝，它的馈赠惠及高原人们的衣、食、住、行、运以及烧、耕、医、娱、用等方面，可以说牦牛的全部都贡献给了人类。

牦牛的塑化标本

牦牛的反刍与舌头

牦牛属于反刍动物，有 4 个胃，分别是瘤胃、网胃、瓣胃和皱胃。什么是反刍呢？当食物进入反刍动物的瘤胃和网胃后，经过发酵，植物性纤维、蛋白质等被分解。瘤胃和网胃中的食物能逆呕到口腔，进行再次咀嚼，这种行为称为“反刍”。

牦牛的舌头上长有一层肉齿，可以轻松地舔食很硬的植物。而且，牦牛的舌头可以当梳子使用，这种梳子既不易变形也不易断齿。

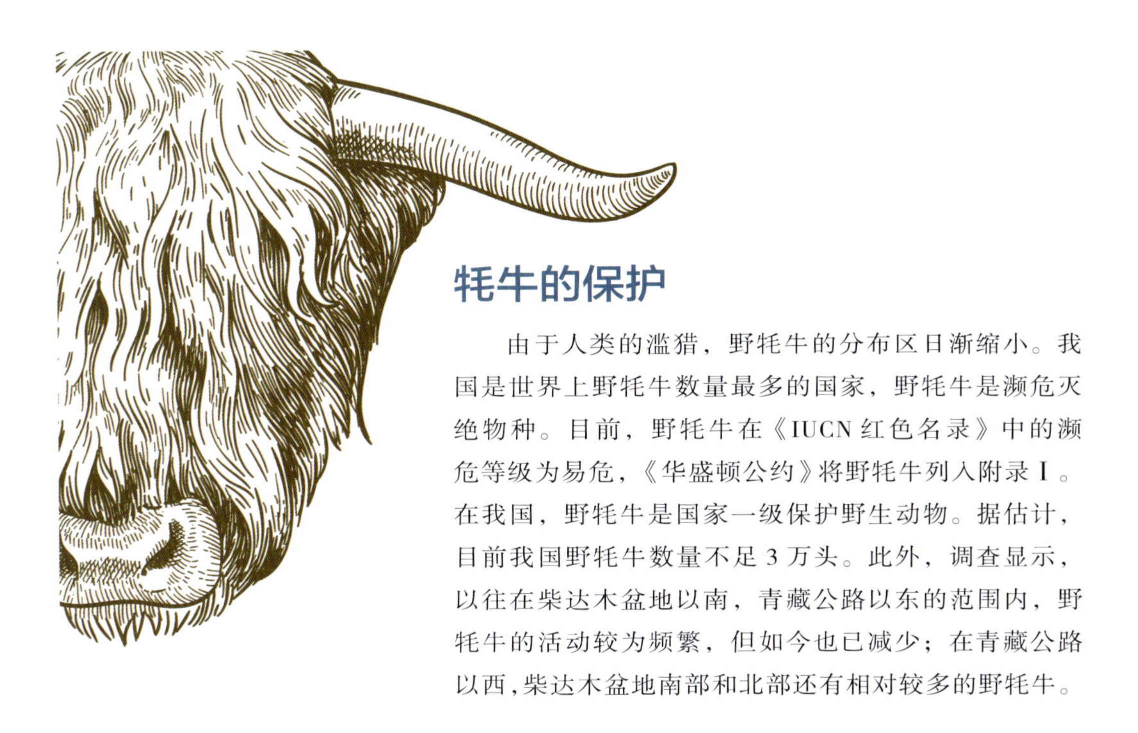

牦牛的保护

由于人类的滥猎，野牦牛的分布区日渐缩小。我国是世界上野牦牛数量最多的国家，野牦牛是濒危灭绝物种。目前，野牦牛在《IUCN 红色名录》中的濒危等级为易危，《华盛顿公约》将野牦牛列入附录Ⅰ。在我国，野牦牛是国家一级保护野生动物。据估计，目前我国野牦牛数量不足 3 万头。此外，调查显示，以往在柴达木盆地以南，青藏公路以东的范围内，野牦牛的活动较为频繁，但如今也已减少；在青藏公路以西，柴达木盆地南部和北部还有相对较多的野牦牛。

趣味问答

1. 牦牛的主要分布区域是哪里？

A. 我国的青藏高原等高山地区　B. 帕米尔高原地区

2. 牦牛的舌头有什么特点？

A. 舌头特别长　B. 舌头上长有一层肉齿

3. 牦牛被誉为什么？

A. 高原之舟　B. 沙漠之舟

4. 什么是反刍？

反刍就是将咀嚼食料吞入胃中，经过一段时间后，将半消化的食物逆呕到口腔，进行再次咀嚼。

5. 牦牛与人类有怎样密切的关系？

牦牛既可用于农耕，又可在高原用作运输工具。牦牛还有识途的本领，可作旅游者的向导。

第十七讲

狮子

SHIZI

狮子（*Panthera leo*）简称“狮”，是中国古代神话中狻猊（suān ní）的原型。狮子生活在非洲和亚洲，是世界上唯一一种雌雄两态的猫科动物。通常，雄狮子长有很长的鬃毛，鬃毛一直延伸到肩部和胸部。那些鬃毛越长、颜色越深的雄狮就是雌狮眼里英俊潇洒的“帅哥”，通常更能吸引雌狮们的注意。与雄狮相比，雌狮的毛发则较短，颜色也偏浅一些。

狮子是怎样觅食的?

狮子的肩胛骨是比较独特的。通常，生物体内的骨是和骨相连的，但是狮子的肩胛骨是和肌肉相连的，这使狮子在跳跃伸展前肢时，可向前多延伸15厘米左右。这一奇特之处能帮助狮子在捕食过程中占据更多的优势。此外，狮子的大犬齿也是狮子觅食过程中的一大秘密武器。猫科动物通常会咬住猎物颈部，或者抓住猎物的喉咙，然后用力向下压，直到猎物窒息而死。而狮子的犬齿有着长而弯曲的尖，可以深深地扎在猎物的头骨里，这样能增加牙齿在撕咬猎物时的杀伤力。

狮子的塑化标本

关于狮吼

狮子是吼声最大、声音次声波传播最远的猫科动物。狮子会经常性地吼叫，这并不是因为愤怒，而是它为了宣示自己的领地，用吼叫威慑其他狮子或食肉动物，使它们不敢进入自己的领地，以示威风。有时，新狮王在打败老狮王后，会长时间大吼，甚至能连续吼几夜，以宣示新狮王的诞生。

狮吼

狮子的保护

狮子的种群分为非洲狮与亚洲狮，非洲狮在《IUCN红色名录》中的濒危等级为易危，亚洲狮的濒危等级为濒危；《华盛顿公约》将非洲狮列入附录Ⅱ，将亚洲狮列入附录Ⅰ。

趣味小贴士

人遇到狮子该怎么办?

狮子一般不会攻击人,但在狮子出没的地方,无论如何都得带上一根长长的“打狗棍”。遇到狮子时万万不可拔腿就跑,因为拔腿就跑会激发狮子的猎杀本性。如果有“打狗棍”在手的话,就可以虚张声势,表明自己比它强大,它就可能犹疑不定,知难而退了。

不是所有的雄狮都长有鬃毛

在我们的印象中,雌狮体形相对较小,没有鬃毛,雄狮体形较大,长有浓密的鬃毛。但生活在肯尼亚和坦桑尼亚的查沃狮(***P.I.nubica***)雄狮是唯一一种没有鬃毛的雄狮。

在非洲,超过 1/4 的狮子幼崽会被“后爸”杀死

狮子过着群居生活,在狮群中,雄性首领每隔一段时间就会发生变化。当新首领通过战斗把原首领赶跑后,新首领会接管所有的母狮,同时会把原首领留下的后代杀死,然后和母狮交配生下自己的孩子。动物学家认为雄狮这样做可以促进狮子之间的基因交流,生出更健康的后代。

趣味问答

1. 没有鬃毛的雄狮是哪种狮子?

   A. 查沃狮　　B. 亚洲狮

2. 狮子经常吼叫的主要原因是什么?

   A. 为了宣示它的领地

   B. 为了表达愤怒

3. 雄狮与雌狮最大的区别是什么?

   A. 外在体形　　B. 鬃毛

4. 狮子的肩胛骨有什么特点?

   狮子的肩胛骨和肌肉相连,这可以使狮子在伸展前肢时向前多延伸 15 厘米左右。

5. 狮子的犬齿有什么特点?

   狮子的犬齿有着长而弯曲的尖,可以深深地扎在猎物的头骨里,这样能增加牙齿在撕咬猎物时的杀伤力。

获取更多有关狮子的知识

请扫描下方二维码

第十八讲

穿山甲

CHUANSHANJIA

穿山甲（*Manidae*）是鳞甲目的哺乳动物，主要生活在丘陵、山麓、平原的树林潮湿地带。

“一拖三”技术下的穿山甲

右图是利用生物塑化技术展示的穿山甲塑化标本，看似是三只，实则仅是一只穿山甲。通过这种技术，能够帮助大家清晰地看到穿山甲的表皮、肌肉和骨骼内脏。

穿山甲塑化标本

穿山甲吃什么?

穿山甲主要是以白蚁为食，因此，当一片田地出现了穿山甲的身影时，可以判断，这片田地可能受到了白蚁的侵袭。穿山甲在觅食的时候，首先会用它的长爪抓住蚁巢，然后将嘴巴伸入蚁洞，用富有黏性及善于伸缩的舌头舔食蚁巢中的白蚁或其他蚁类。有时，穿山甲也会将遍身的鳞片张开，让贪腥的蚂蚁爬满身躯，然后自己钻到水里，待蚂蚁遇水浮出后舔食。值得一提的是，穿山甲的食量很大，一只成年穿山甲的胃可以容纳 500 克白蚁。

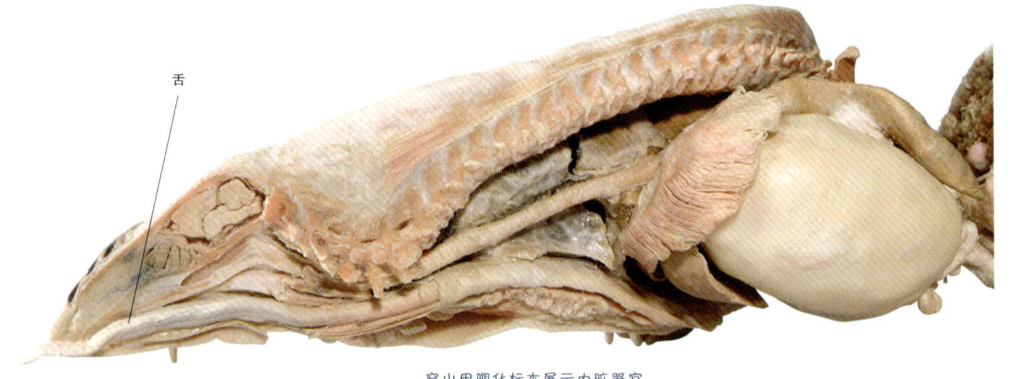

穿山甲塑化标本展示内脏器官

穿山甲的鳞片

通常，人们对穿山甲的捕杀主要是为了其身上的鳞片，坊间也一直有穿山甲的鳞片、肉可以入药，具有通经下乳、消肿止痛等功效的说法。事实上，食用野生穿山甲容易致癌也是科学界的共识。虽然穿山甲的鳞片主要成分为角蛋白，与人类指甲的成分相同，但由于野生穿山甲长期在具有天然放射性物质的洞穴内活动，其鳞片中会累积砷、铅等重金属元素，而砷是砒霜的主要成分，铅是慢性中毒的头号杀手，所以常吃穿山甲的鳞片、肉容易患癌。此外，收藏穿山甲鳞片对人体也具有一定的危害性。

穿山甲的保护

现在还有人会为了一饱“口福”而捕食野味。在过去不到30年的时间里，中华穿山甲（*Manis pentadactyla*）数量已经减少了90%，濒临灭绝。穿山甲已成为全世界走私最多的哺乳动物之一。目前，在我国，所有种类的穿山甲均为国家一级保护野生动物。中华穿山甲在《IUCN红色名录》中的濒危等级为极危，《华盛顿公约》将其列入附录Ⅰ。另外，在2020年版《中国药典》中，穿山甲未被继续收载。

趣味小贴士

穿山甲会爬树

全世界现存有8种穿山甲，4种主要生活在地面，另外4种主要生活在树上。非洲的4种穿山甲正好是两个典型：大穿山甲（***Manis gigantea***）和南非穿山甲（***Manis temminckii***）这样的大块头构成了地穿山甲属（***Smutsia***），它们几乎不上树。而树穿山甲（***Manis tricuspis***）和长尾穿山甲（***Manis tetradactyla***）构成了树穿山甲属（***Phataginus***），它们基本不下地。

4000 多万年前，穿山甲就有“铠甲”了

人类已知最古老的穿山甲是始穿山甲（*Eomanis*）。它们生活在 4000 万～5000 万年前的欧洲。这种古老的穿山甲化石上有鳞片的痕迹，但这层“铠甲”只覆盖了身体和头部，四肢和尾巴上并没有。

趣味问答

1. 穿山甲主要生活在什么地方？
   A. 丘陵、山麓、平原的树林潮湿地带
   B. 干燥的平原地区
2. 穿山甲主要吃什么？
   A. 蜗牛
   B. 白蚁
3. 一只成年穿山甲的胃可以容纳多少克白蚁？
   A. 5000 克
   B. 500 克
4. 穿山甲鳞片的主要成分是什么？
   A. 角蛋白
   B. 维生素
5. 穿山甲是如何觅食的？

   穿山甲用它的长爪抓住蚁巢，然后将嘴巴伸入蚁洞，用富有黏性及善于伸缩的舌头舔食蚁巢中的白蚁或其他蚁类。有时，穿山甲也会将遍身的鳞片张开，让贪腥的蚂蚁爬满身躯，然后自己钻到水里，待蚂蚁遇水浮出后舔食。

获取更多有关穿山甲的知识

请扫描下方二维码

第十九讲

长颈鹿

CHANGJINGLU

长颈鹿（*Giraffa camelopardalis*）是一种生活在非洲的反刍偶蹄动物，拉丁文名字的意思是“长着豹纹的骆驼”。长颈鹿是世界上现存的身高最高的陆生动物。

长颈鹿的睡眠

长颈鹿的睡眠时间很短，一般一个晚上只睡两小时。与大象一样，当长颈鹿进入睡眠状态时，也需要躺下。但是，长颈鹿从地上站起来要花费大约 1 分钟的时间，这使得它们在睡眠时的逃生能力大打折扣。对于长颈鹿来说，躺着睡觉是一件十分危险的事情。所以，长颈鹿更多的时候是站着睡觉，且通常呈假寐的状态。由于脖子太长，长颈鹿睡觉时常常将脑袋靠在树枝上，以免脖子过于疲劳。

长颈鹿的生存优势

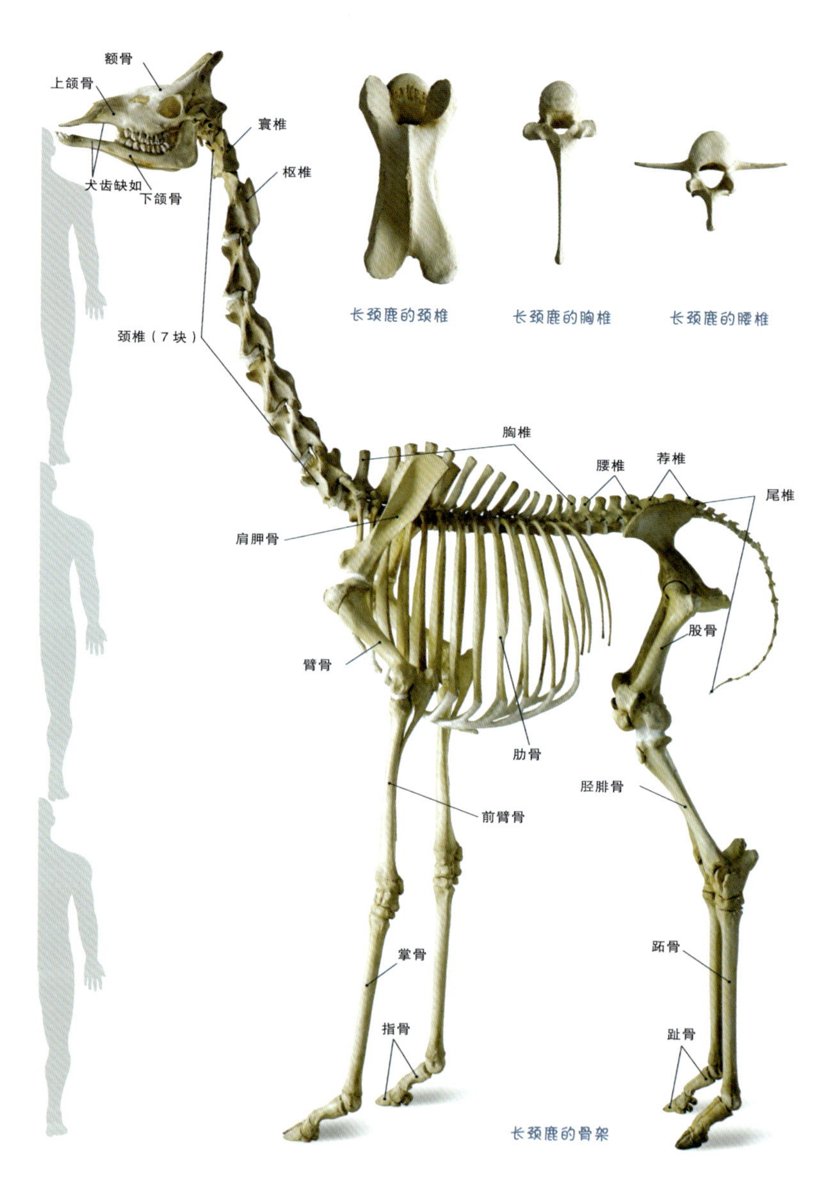

长颈鹿的颈椎　长颈鹿的胸椎　长颈鹿的腰椎

长颈鹿的骨架

长颈鹿在分类学上属于哺乳动物纲、偶蹄目、长颈鹿科。长颈鹿科现存的物种只有长颈鹿和霍加狓（pī）（*Okapia johnstoni*）2 种，二者头上都长着短角，有长长的舌头，主要以嫩叶为食，有着共同的祖先。长颈鹿的长脖子使其能取食到树冠顶端的嫩叶，获得充足和更有营养的食物，这是适应优势之一。尤其在地面缺乏青草的时候，长颈鹿的长脖子和长腿使其站得高、看得远，可以及早发现鬣狗和狮子等捕食动物。另外，长脖子和长腿也增加了长颈鹿的体表面积，有利于热量的散发，使其在炎热的热带草原上进一步获得生存优势。在性选择上，脖子更长的长颈鹿更容易受到异性的青睐，获得交配权。以上这些优势使长颈鹿更好地适应了自己所处的环境，适应性更强，能留下更多的后代，存活的可能性也更大。

长颈鹿的繁殖

长颈鹿的交配期不固定，全年都可以进行交配，交配高峰期在雨季。长颈鹿的孕期为 15 个月，每胎产 1 仔，幼鹿出生 20 分钟后即能站立，数小时后即可奔跑。出生后的前两周，幼鹿多数时候在地上静卧，受母鹿的庇护。虽然长颈鹿的花纹被认为有伪装功能，且成年长颈鹿个头硕大，不惧敌害的侵袭，但幼鹿却会遭受狮子、豹和鬣狗的攻击。只有 25% ~ 50% 的幼鹿能存活至成年。长颈鹿 4 岁时性成熟，但雄性在 7 岁前很少有交配的机会。在野外，长颈鹿的寿命为 20 ~ 25 年。

长颈鹿塑化标本展示肌肉结构

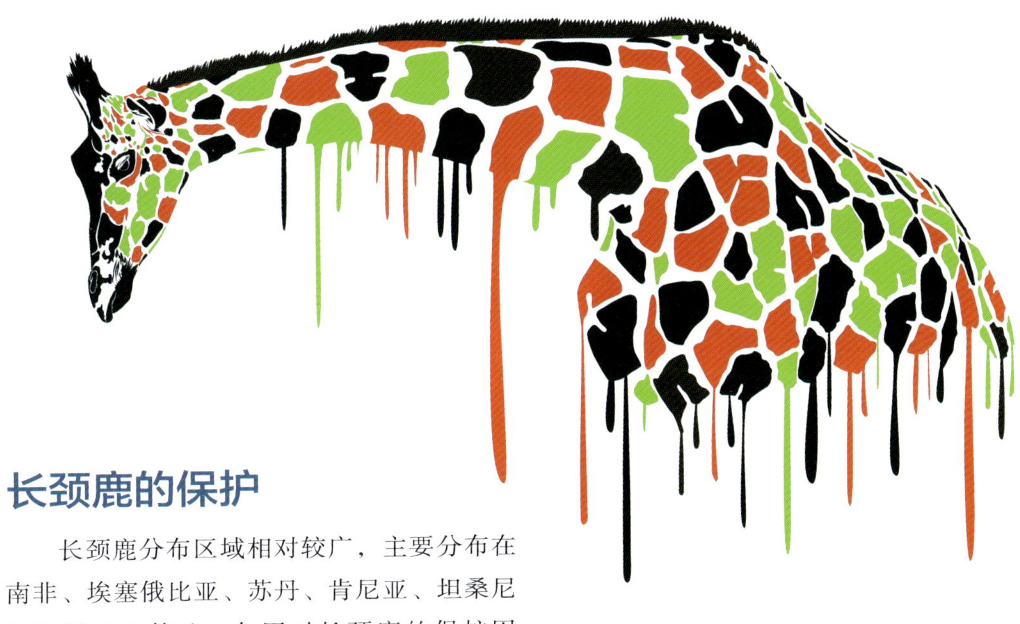

长颈鹿的保护

长颈鹿分布区域相对较广，主要分布在南非、埃塞俄比亚、苏丹、肯尼亚、坦桑尼亚和赞比亚等地。各国对长颈鹿的保护因政策和立法的不同而有所差异。长颈鹿在《IUCN 红色名录》中的濒危等级为易危，《华盛顿公约》将长颈鹿列入附录Ⅱ。

趣味小贴士

十分低调的长舌头

长颈鹿不但脖子长，舌头也很长。有动物学家曾经测量过，一头成年长颈鹿的舌头长约 60 厘米，几乎相当于成年人胳膊的长度，且长颈鹿的舌头非常灵活，可以轻易地舔到自己的耳朵。

趣味问答

1. 世界上现存的身高最高的陆生动物是什么？

   A. 梅花鹿　　B. 长颈鹿

2. 长颈鹿的身高大概是几个成年人的身高？

   A. 3 个　　B. 5 个

3. 长颈鹿有几块颈椎？

   A. 7 块　　B. 9 块

4. 长颈鹿的“两长”指哪两长？

   A. 腿长、脖子长

   B. 身体长、角长

5. 长颈鹿每胎产仔几只？

   A. 3 只　　B. 1 只

获取更多有关长脖子动物的知识

请扫描下方二维码

第二十讲

小熊猫

XIAOXIONGMAO

小熊猫（*Ailurus fulgens*）也叫“红熊猫”，其外形像猫，但较猫肥大，全身呈红褐色。小熊猫脸圆，吻部较短，脸颊有白色斑纹，尾长、较粗且蓬松，尾部有约 9 条红暗相间的环纹，又被称为“九节狼”。小熊猫前后足均有 5 个趾，足掌上长有厚密的绒毛，盖住趾垫，爪弯曲而锐利，能伸缩。

小熊猫的习性

小熊猫平日栖居于大树洞、石洞或岩石缝中。早晚出来活动觅食，白天多在洞里或大树的荫深处睡觉。小熊猫善于攀爬，往往能爬到高而细的树枝上休息或躲避敌害。由于它足掌上长有厚密的绒毛，因此也适于在湿滑的苔藓地或岩石上行走。其走路时前足内弯，步态蹒跚，与熊相似。小熊猫平时行动缓慢，性情较为温驯，很少发出叫声，听觉与视觉较迟钝，嗅觉也不是特别灵敏。

小熊猫塑化标本展示内脏

小熊猫与小浣熊

小熊猫真正的近亲是小浣熊（*Procyon lotor*），但两者相比较还是存在一定区别的：一方面，通常，小熊猫全身为红褐色，而小浣熊全身为灰白色；另一方面，小熊猫的掌上是有毛的，但小浣熊的掌上没有毛。通过这两点就能很容易地区分小熊猫与小浣熊。

大熊猫

小熊猫与大熊猫

电影《功夫熊猫》里阿宝的师父就是只小熊猫。小熊猫与大熊猫（*Ailuropoda melanoleuca*）属于趋同进化。趋同进化是指不同物种由于生活在极为相似的环境条件下，经选择作用而出现相似性状的现象。小熊猫和大熊猫几乎完全以竹子为食，它们都进化出假拇指，以便灵活地抓握竹子。这种相似的形体变化是适应相同生存环境的结果。

小熊猫

小浣熊

小熊猫塑化标本展示层次解剖

小熊猫的保护

面对环境破坏、森林砍伐、领地缩小、人类捕捉等导致小熊猫种群数量变少的严峻现状，目前，IUCN 将小熊猫在《IUCN 红色名录》中的濒危等级定为濒危，《华盛顿公约》将小熊猫列入附录 I，小熊猫是我国国家二级保护野生动物。

趣味小贴士

小熊猫奇葩的示威方式

小熊猫的示威方式与众不同。它会呈现举起双手、后腿站立的样子，看起来就像我们通常所认为的“投降”。事实上，小熊猫这样的举动只是为了让自己看起来体形更大，以威慑对方。但这样的示威方式在人类看来却非常可爱。

趣味问答

1. 与小熊猫属于趋同进化的动物是哪种？

   A. 大熊猫　　B. 小浣熊

2. 小熊猫的近亲是哪种动物？

   A. 大熊猫　　B. 小浣熊

3. 小熊猫足掌上厚密的绒毛有怎样的作用？

   A. 便于行走　　B. 为了美观

4. 小熊猫和小浣熊的区别有哪些？

   通常，小熊猫全身为红褐色，小浣熊全身为灰白色；小熊猫的掌上有毛，小浣熊的掌上没有毛。

5. 什么是趋同进化？

   趋同进化是指不同物种由于生活在极为相似的环境条件下，经选择作用而出现相似性状的现象。

趣味问答选择题答案

第一章　海洋精灵

第一讲　鲸鲨　A；A；B
第二讲　蝠鲼　B；A；B；A
第三讲　翻车鱼　A；A；B；A
第四讲　石斑鱼　B；A；B；A
第五讲　巨骨舌鱼　A；B；B；A
第六讲　海龟　B；B；B；B
第七讲　企鹅　A；B；A；A；B
第八讲　须鲸　A；A；B；A；B
第九讲　江豚　B；A
第十讲　海豹　ABC；A；C；A；B

第二章　陆地家族

第十一讲　鳄鱼　A；B；A；B
第十二讲　蛇　A；A；B
第十三讲　鸵鸟　ABC；A；B；B
第十四讲　骆驼　A；A；AB
第十五讲　棕熊　B；A；B
第十六讲　牦牛　A；B；A
第十七讲　狮子　A；A；B
第十八讲　穿山甲　A；B；B；A
第十九讲　长颈鹿　B；A；A；A；B
第二十讲　小熊猫　A；B；A

参考文献

[1] JEAN-BAPTISTE de P. Evolotion[M]. New York: Seven Stories Press, 2011.

[2] GEORG G, HANNES F P. The evolution of the eye[M]. Berlin: Springer, 2015.

[3] JENNIFER A. The genius of birds[M]. London: Penguin Press, 2016.

[4] CHANA B, CINTHYA F, JOSHUA G. The illustrated atlas of wildlife[M]. Berkeley: University of California Press, 2008.

[5] CHARLOTTE U. Animal life: the definite visual guide to animals and their behaviour[M]. London: Dorling Kindersley Press, 2008.

[6] STEPHEN RP, ANTHONY R P. The extreme life of the sea[M]. New Jersey: Princeton University Press, 2014.

[7] ALASTAIR F, HUW C. The hunt[M]. London: BBC Books, 2015.

[8] CHRISTIE W. Venomous: how earth's deadliest creatures mastered biochemistry[M]. NewYork: Scientific American/ Farrar, Straus and Giroux, 2017.

[9] NANCY K. Citizens of the sea: wonderous creatures from the census of marine life[M]. Washington DC: National Geographic, 2010.

[10] BALJIT S. Dyce, sack and wensing's textbook of veterinary anatomy[M]. London: Saunders, 2018.

[11] DON E W. Wildlife of the world[M]. London: Dorling Kindersley Press, 2015.

[12] FABIEN C. Ocean: the definitive visual guide[M]. London: Dorling Kindersley Press, 2006.

[13] JAMES R S. Sea turtles: a complete guide to their biology, behavior, and conservation[M]. Baltimore: Johns Hopkins University Press, 2004.

[14] 中国野生动物保护协会 . 中国陆生野生动物保护管理法律法规文件汇编(2020 年版)[M]. 北京: 中国农业出版社，2020.

[15] 尚玉昌 . 动物行为学 [M]. 2 版 . 北京：北京大学出版社，2014.

[16] 董常生 . 家畜解剖学 [M]. 3 版 . 北京：中国农业出版社，2001.

[17] 冯昭信 . 鱼类学 [M]. 2 版 . 北京：中国农业出版社，1979.

后 记

2019 年年底的新型冠状病毒肺炎疫情举世瞩目，牵动着每个人的心。疫情发生原因曾指向蝙蝠和穿山甲，这让人们更加关注野生动物，并掀起了拒食野味、保护野生动物的新风尚。

现在，我们身边每天都有物种在灭绝，有的还没有被人类发现、认识、命名就永远地消失了。本书希望用一种特殊的形式展现野生动物不为人知的一面。野生动物是人类的好朋友，是自然生态系统的重要组成部分，也是社会经济发展的重要资源，保护好野生动物对保护生物多样性、维护生态平衡、建设社会主义生态文明具有重要意义。随着社会的发展，各种人为和自然的因素，越来越多的野生动物已经灭绝或濒临灭绝，野生动物保护的宣传工作显得尤为重要。

本书编写过程中，幸遇诸多良师益友，笔者内心充满无限感激。感谢王忠人先生、吴军先生和周卓诚先生，他们帮我收集了大量精彩的动物素材；感谢社区教育、科协、农业林业系统以及清华大学出版社的老师们，正是他们的耐心、细心和用心，才使得本书逐渐变得活泼、有趣，并能顺利出版。由于编者的学识有限，书中难免存在疏漏，恳请广大读者不吝指正。

本书出版之际，恰逢《国家重点保护野生动物名录》发布实施 32 年来，我国首次对其进行大调整。希望本书的问世，能够更好地引导公众关注新调整的《国家重点保护野生动物名录》，支持野生动物保护工作，为形成共同保护野生动物的良好局面尽绵薄之力。

最后，感谢我的家人，感谢他们多年来给予我生活上的照顾和工作上的支持，谨以此书献给他们！

高海斌

2021 年 2 月 5 日于周庄生命奥秘博物馆